淘宝·天猫
视频制作实战宝典
Premiere + After Effects

方国平 编著

全彩

电子工业出版社·
Publishing House of Electronics Industry
北京·BEIJING

内容简介

本书由经验丰富的设计师编写，详细介绍了淘宝、天猫视频制作的实战方法和技巧，并以循序渐进的讲解方式，带领读者快速掌握淘宝、天猫视频制作的精髓。

全书共7章，第1章讲解了认识短视频，淘宝、天猫短视频的用途；第2章讲解了拍摄短视频前的准备工作，如器材的选择、视频的构图和拍摄的流程；第3章讲解了剪辑软件Premiere的使用方法及技巧，以及电水壶短视频的制作；第4章讲解了合成软件After Effects的使用方法，并讲解了钱包短视频的制作流程和LOGO片头的制作方法；第5章讲解了手表短视频的制作，抠像技巧，人像磨皮技巧和钱包短视频的制作；第6章讲解了Premiere和After Effects软件结合的使用方法，以及凉拖鞋短视频的制作；第7章讲解了视频的上传方法，如何发布视频到店铺首页、淘宝主图视频、详情页和微淘。

本书结构清晰、讲解流畅、实例丰富精美，适合淘宝店主、电商视觉设计师使用，也可作为相关院校的电子商务、设计专业等培训的教材使用。

本书下载资源提供同步多媒体教学视频，以及书中的实例及和素材，读者可以借助教学视频更好、更快地学习淘宝、天猫短视频的制作。

图书在版编目（CIP）数据

淘宝天猫视频制作实战宝典：Premiere+After Effects ／ 方国平编著 . —北京：电子工业出版社，2018.3
ISBN 978-7-121-33580-8

Ⅰ . ①淘… Ⅱ . ①方… Ⅲ . ①视频编辑软件 ②图象处理软件 Ⅳ . ① TN94 ② TP391.413

中国版本图书馆 CIP 数据核字（2018）第 019879 号

策划编辑：孔祥飞
责任编辑：徐津平
印　　刷：天津千鹤文化传播有限公司
装　　订：天津千鹤文化传播有限公司
出版发行：电子工业出版社
　　　　　北京市海淀区万寿路 173 信箱　　邮编 100036
开　　本：720×980　　1/16　　印张：13　　字数：254 千字
版　　次：2018 年 3 月第 1 版
印　　次：2018 年 3 月第 1 次印刷
定　　价：69.00 元

凡所购买电子工业出版社图书有缺损问题，请向购买书店调换。若书店售缺，请与本社发行部联系，联系及邮购电话：（010）88254888，88258888。
质量投诉请发邮件至 zlts@phei.com.cn，盗版侵权举报请发邮件至 dbqq@phei.com.cn。
本书咨询联系方式：（010）51260888-819，faq@phei.com.cn。

前　言

　　本书汇集了作者多年在教学和实践中汲取的宝贵经验，从实战角度出发，全面、系统地讲解了淘宝、天猫短视频的制作。全书以After Effects CC 2018和Premiere Pro CC 2018中文版为操作软件，采用商业案例与视频制作方法相结合的方式进行编写。在介绍软件功能的同时，还安排了具有针对性的实例，并配以精美的步骤讲解详图，层层深入地讲解案例制作，帮助读者轻松掌握软件的功能和应用，做到学用结合。

　　本书适用于初学者快速自学淘宝、天猫视频的制作，还配有教学视频，生动地演示了案例的制作过程并起到抛砖引玉的作用。愿本书能为广大淘宝、天猫美工开启一扇通往成功的胜利之门。

本书特点

1. 零起点、入门快

　　本书以初学者为主要读者对象，通过对基础知识的介绍，辅以步骤详图，结合案例对淘宝主图视频、视频LOGO片头、详情页短视频、手机店铺首页短视频等做了详细讲解，同时给出了技巧提示，确保零起点读者能够轻松、快速入门。

2. 内容细致全面

　　本书涵盖了淘宝、天猫视频制作各方面的内容，可以说是网店视频制作入门类的优秀教程。

3. 案例精美实用

本书的案例经过精心挑选，在实用的基础上保证精美、漂亮，一方面熏陶读者朋友的审美，另一方面让读者在学习中体会到美的享受。

4. 编写思路符合学习规律

本书在讲解过程中采用了知识点和综合案例相结合，符合广大初学者"轻松易学"的学习要求。

5. 附带高价值教学视频

本书附带一套教学视频，包括5个案列的全程制作细节与注意事项的视频讲解，将重点知识与商业案例完美结合，并提供全书所有案列的配套素材与源文件。读者可以方便地看视频、使用素材，对照书中的步骤进行操作，循序渐进，点滴积累，快速进步。

读者按照本书的章节顺序进行学习，并加以练习，很快就能学会After Effects和Premiere Pro软件的使用方法和技巧，并能够独立制作短视频，从而胜任网店美工的工作。

本书同样适用于天猫、京东和当当等电商平台美工设计师学习和参考。

本书服务

1. 交流答疑QQ群

为了方便读者提问和交流，我们特意建立了淘宝、天猫视频交流QQ群：156950648（如果群满，我们将会创建其他群，请留意加群时的提示）。

2. 微信公众号交流

为了方便读者提问和交流，我们特意建立了微信公众号，打开微信添加公众号"苏漫网校"，点击菜单"用户服务"，可以进入"学习问题"，一起交流淘宝视频制作的问题。

3. 淘宝教育直播教学

为了方便读者学习，大家可以关注我们的淘宝教育"苏漫网校"直播教学，店铺网址：http://cgfang.taobao.com（淘宝网搜索"苏漫网校"或者"776598"）。

4. 留言和关注最新动态

为了方便与读者沟通、交流，我们会及时发布与本书有关的信息，包括读者答疑、勘误信息等。读者可以关注微信公众号"苏漫网校"与我们交流。

致谢

在编写本书的时候，笔者得到了很多人的帮助，在此表示感谢。感谢海兰对图书编写的悉心指导，感谢淘宝教育对苏漫网校课程的支持，感谢苏漫网校全体成员的支持，感谢柳华、成洋的帮助，感谢电子工业出版社孔祥飞编辑的大力支持，感谢我的爱人和儿子的理解支持。衷心感谢所有支持和帮助我的人。

由于作者水平有限，书中难免存在错误和不妥之处，恳请广大读者批评、指正。读者在学习过程中如果发现问题或有更好的建议，欢迎通过微信公众号"苏漫网校"或邮箱 sumanwangxiao@qq.com与我们联系。

方国平

2017年12月18日于南京

轻松注册成为博文视点社区用户（www.broadview.com.cn），扫码直达本书页面。

- **下载资源**：本书提供配套资源文件，可在 下载资源 处下载。
- **提交勘误**：您对书中内容的修改意见可在 提交勘误 处提交，若被采纳，将获赠博文视点社区积分（在您购买电子书时，积分可用来抵扣相应金额）。
- **交流互动**：在页面下方 读者评论 处留下您的疑问或观点，与我们和其他读者一同学习交流。

页面入口：http://www.broadview.com.cn/33580

目 录

第1章

认识短视频

随着移动互联网的普及，人们的时间被大量碎片化了。在碎片化的时间中消费，传统的图文导购模式是产品图片与文字的展现，图文所展示的视觉信息较为平面，而短视频能够将很多内容用更有表现力的影像来表现。2017年淘宝推出的直播和短视频，是未来淘宝内容营销的主要方向，优质的大咖直播、精美的短视频都将得到很好的展现。淘宝平台鼓励达人与商家进行对应商品的直播与短视频创作，同时会针对性地对优质的直播与短视频内容来大力地推广和扶持。

1.1 淘宝短视频介绍

淘宝要由传统的电商平台转变为新型的购物内容媒体平台，顾客的购物将会被达人和商家的优质媒体内容促进和转化。淘宝鼓励达人们做出优质并且符合平台调性的内容，内容的创作要围绕商家与产品进行，将传统渠道努力转型并升级为内容营销渠道。

淘宝内容营销渠道包括有好货、每日好店、头条等，鼓励优质短视频的创作，优质的短视频会统一打标并分发到各视频渠道。商家短视频的应用方向包括：60秒的主图头图视频展示，2~3分钟的内容详情页视频，未来代替图文形式的多屏详情页，用户评价中也可以添加用户自己录制的产品体验小视频。

在2017年淘宝造物节的介绍中，淘宝平台鼓励有趣、好玩的产品和店铺推广，个性化、新奇、小众的产品将会得到更好的展现与扶持。淘宝平台在积极地转型为新媒体平台，让更多优质的内容呈现在上面，用户可以花更多的时间在平台内，而不再是单纯地搜索−购买−退出的过程。淘宝不再单纯地把自己定位为一个购买商品的购物应用，而是一个可以一直发现新奇、好玩事物的购物引导媒体，使用户在浏览感兴趣内容的同时衍生出购物的需求。虽然转化购物是主要目的，但是要以优质、精准的内容为主体。

短视频制作大多数都为团队操作，因为涉及创意故事、拍摄分镜脚本、商品拍摄、模特、内景外景、自然景、商品转盘、剪辑、特效、字幕、背景音乐、音效等一系列程序，但是随着各种工具和硬件设备的齐全，对于商家来讲，个人也是完全可以制作短视频的。

我们可以制作有主题、有调性或有情怀的能突出与淘宝费场景相关的短视频内容，也可以展示产品的外观和功能等，并非简单地直播或录制视频。

淘宝短视频表现形式有以下2种。

1. 60秒创意产品展示

用视频展示产品外观、功能、卖点等。通过强化产品外观，模特展示产品，加特效，加配音，生动地展示出产品的外观、材质、功效和服务等，可以用在主图视频，也可用在详情页视频。

2. 90秒品牌故事视频

强化产品外观与品牌，以故事情景展示产品，让产品有感染力，让顾客有情感，传播性强，可以投放在手机淘宝和PC端淘宝"每日好店"等位置。

> **提示：**
> 视频制作要求：
> 1. 视频拍摄画质和视频构图需达到专业水平。
> 2. 每个视频时长控制在3分钟以内。
> 3. 画面尺寸要求1920像素×1080像素，比例为16:9，横版拍摄（主图视频尺寸要求800像素×800像素，比例为1:1）。
> 4. 画质高清，例如MP4格式的平均码率>0.56Mbps。
> 5. 视频大小小于120MB。
> 6. 视频格式要求：MP4、MOV、F1V、F4V。

1.2　短视频用途

大多数打开手机淘宝的用户，目的性相对明确，就是"买买买"，这种用户的潜在购买需求强于其他非电商属性平台。因此，围绕其下单之前对商品进行了解的阶段，定义不同渠道的视频内容就清晰起来了。根据渠道针对性地做视频内容来适应电商平台的个性化需求，以期达到事半功倍的效果。

其实从流量红利这点来看，视频形式已经比图文形式占了优势，而视频创造者账号的加权也让视频形式能获得更多的展示机会，如果内容形式和商品结合得好，其爆发性可能更大些。所有的视频渠道合并为一个淘宝短视频渠道，如图1-1所示，并且明确将视频类型分成横版和竖版。视频投稿如图1-2所示。

图1-1　阿里·创作平台

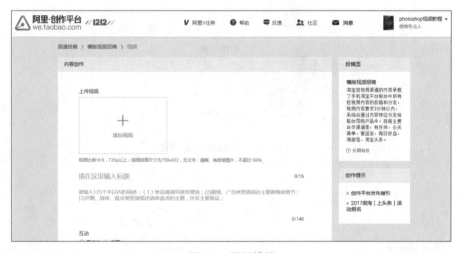

图1-2　视频投稿

淘宝短视频具有鲜明的导购属性，从目前登录每日好店的短视频来看，当短视频在播放过程中出现某个产品时，视频页面会适时地出现同款或相似商品的购物链接，消费者可以直接加购物车，边看边完成购买。

目前手机淘宝首页可以看到的视频其实是通过内容创造平台"淘宝短视频"的入口

进行投放的，投放后会根据视频的属性进入手机淘宝的不同渠道去展现。手机淘宝短视频的投放渠道包括：淘宝头条、淘宝视频、每日好店视频、新单品视频、有好货、必买清单、爱逛街、猜你喜欢、淘部落、大促页面的互动视频、行业渠道等。以上是视频的入口，除了行业频道，其余均为日均千万级UV中心化流量入口。此外，大促页面、手机店铺首页、商品详情页的主图和详情页都可以上传视频。

1. 有好货

有好货是淘宝的精品导购平台，为中高端用户提供高品质、有格调的产品及导购介绍，如图1-3所示。

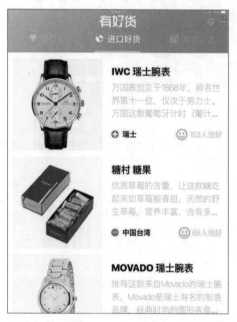

图1-3　有好货

2. 爱逛街

爱逛街为年轻人提供时髦、流行的品味消费指南，是年轻女性流行的购物社区。用户通过红人买手、校园搭配师、品牌主理人、90后模特、时尚博主的购买经验，可以挑到颜值最高的好货！如图1-4所示。

图1-4 爱逛街

3. 必买清单

必买清单的内容基础调性为有看点、专业、实用、有参考价值，面向中高端的用户群体，一般都是教程类的互动视频。目前必买清单的视频内容方向限制在做菜和美妆这两类，比如教用户如何做一道菜，视频为拍摄具体的制作过程，如图1-5所示。

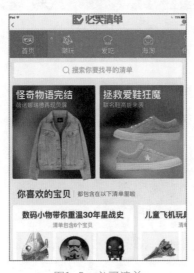

图1-5 必买清单

4. 每日好店

每日好店的用户以18~26岁的青年人居多，用户分布比较平均，各个层级的消费者都有。商家店铺需要具备鲜明的特色和调性。视频限制为以下5个类型：店主采访视频、店主自述故事；店铺本身的故事（纪实）；店铺创作故事演绎；街访型；动画。常见的为前3类，如图1-6所示。

图1-6　每日好店

5. 商品详情页视频

为什么商品详情要通过短视频来呈现？在商品详情页中，文字再多也不如一张图片整洁清晰，而商品详情页的视频则可以抵过几十张图片所呈现的商品信息和用户体验。

在信息体量上，视频能更好地承载商品详情页的介绍，以及使用教程和一些商品背后的品牌信息等。比起消费者通过滑动屏幕来浏览图文并理解商品是否匹配自己的需求，视频则更具有直观、高效的传播能力，如图1-7所示。

6. 主图视频

主图视频可在手机端和PC端同时展现，在PC端发布主图视频，可同时在手机端主图视频展现，无需分开发布。视频时长≤60秒，建议9秒到30秒的视频可优先在猜你喜欢、有好货等推荐频道展现。视频尺寸建议1:1，有利于提高买家在主图位置的视频观看体验。视频内容突出商品1~2个核心卖点，不建议使用电子相册式的图片翻页视频，如图1-8所示。

图1-7　详情页视频

图1-8　主图视频

　　短视频场景化的营销，不但可以引起用户在不同场景状态下的共鸣，而且可以加强粉丝与品牌的联系，提高品牌销售额。淘宝短视频是手机淘宝中为导购场景提供短视频内容的平台，淘宝短视频如同直播一样需要很强的互动性，如女装的短视频可以设计为不同的场景下的穿衣搭配的解决方案，用户会遇到哪些搭配的问题，通过短视频的内容向用户展现完美的解决方案，淘宝短视频也能提供派送优惠券等形式的互动。

1.3　视频制作概念

　　在开始拍摄前需要了解视频的基本术语，包括像素、分辨率等。下面我们需要对视频的基础概念有一定的了解，这些知识有助于你在今后的剪辑创作中，可以更好地遵循基本的语音语法。只有掌握了扎实的理论基础，才能够更加得心应手地制作视频。

1. 分辨率

　　分辨率是指单位长度内包含像素点的数量，单位通常为像素/英寸。像素是构成影像的最小单位，分辨率越大，像素就越高。分辨率的大小差别会产生不同的效果，分辨率高，画面清晰度就高，给人的视觉感受更好。

2. 帧速率和场

　　帧速率是指每秒所显示的图像有多少帧，单位为fps。国内电视使用的帧速率为25fps，电影为24fps。

　　帧是视频技术常用的最小单位，一帧是指由两次扫描获得的一幅完整图像的模拟信号，视频信号的每次扫描称作为场。

3. 剪辑

　　剪辑可以说是视频编辑中最常提到的专业术语，一部完整的好电影通常需要经过无数次剪辑操作才可以完成。在剪辑过程中，利用计算机可以在任何时间、地方，插入或者删除任何你想要或者不想要的片段，也就是非线性剪辑。

　　剪辑，剪而辑之，即蒙太奇。而蒙太奇更多时候是指剪辑中的那些具有特殊效果的手段，我们要了解剪辑中镜头的组接规律。

静接静

固定镜头接固定镜头，即镜头画面与画面中的被拍摄的主体都保持相对静止或者很小的运动，如双人对话场景。

动接静

运动镜头接固定镜头，这里分为三种运动方式：一是画面本身不动，被拍摄的主体发生空间上的运动；二是被拍摄的主体不动，镜头运动；三是综合运动，即镜头与被拍摄的主体共同运动。一般情况下，这类镜头在组接时，往往一个镜头会有状态上的转变，如镜头从固定到运动，然后接运动镜头。

以上是常规的镜头画面组接规律。

4. 视频基础格式

下面列举了一些常用的视频格式，视频格式决定了你的视频类型，以及播放平台主要讲述的后缀格式。

AVI格式

AVI全称Audio Video Interleaved，即音频视频交错格式，是将声音和影像同时组合在一起的文件格式。它对视频采用了一种有损压缩方式，但压缩率比较高，画面质量不太好，但应用范围比较广泛。

MOV格式

MOV格式是苹果公司开发的一种视频格式，默认的播放器是苹果的Quicktime Layer，它具有较高的压缩比率和完美的视频清晰度等特点，但最大的特点为跨平台性，不仅支持Mac系统，还支持Windows系统。

MP4格式

MP4格式是一种常见的多媒体容器格式，被认为可以在其中嵌入任何形式的数据，各种视频的编码、音频等都不在话下。不过常见的大部分MP4文件存放的是AVC（H.264）编码的视频和AAC编码的音频，MP4的官方文件后缀名是".MP4"。

1.4　视频制作软件及硬件要求

随着短视频的流行，越来越多的人加入到这个行列，下面介绍短视频制作的软件及硬件要求。

计算机：需要一台计算机来完成视频的后期制作，一般市场价在5000元左右的计算机即可，计算机需要配置i5 CPU、8GB以上内存、SSD固态硬盘、独立显卡，计算机安装系统为Win7、或者Win10的64位操作系统，如表1-1所示。后期软件是在64位操作系统上运行的。

表1-1　计算机配置需求

硬件	最低配置	标准配置
CPU	Inter i3	推荐i5或者i7多核处理器
内存	4GB或者更大内存	推荐8GB或者16GB
硬盘	需求8GB硬盘空间	推荐SSD固态硬盘
显卡	支持DirectX9.0C或者更高配置	推荐2GB显存
声卡	支持WDM驱动的声卡	
USB接口	需要一个空余的USB接口	
操作系统	Win7（64位）、Win10（64位）	

软件：剪辑软件有很多，专业的软件有Premiere、Vages、Final Cut Pro和After Effects等，本书中讲解的是Premiere Pro CC 2018和After Effects CC 2018软件。

1. Premiere Pro CC 2018剪辑加工软件

Premiere Pro CC（简称为Pr）是目前最流行的非线性编辑软件之一，是数码视频编辑的强大工具，目前更新到2018版本。Pr是一款创新的非线性视频编辑应用程序，也是一个功能强大的实时视频和音频编辑工具，是视频爱好者们使用最多的视频编辑软件之一。它作为功能强大的多媒体视频、音频编辑软件，足以协助用户更加高效地工作。

Pr以其新颖、合理化的界面和通用、高端的工具，兼顾了广大视频用户的不同需求，在一个并不昂贵的视频编辑工具箱中，提供了前所未有的生产能力、控制能力和灵活性。相对于爱剪辑、会声会影这些剪辑软件，Pr相对是比较专业的，它能满足标清、半高清、全高清等格式，从720*576到1920*1080，初学者掌握这款软件相对也不是很困难的，视频轨、音频轨一目了然，各种视频特效转场、音频转场也应有尽有，如图1-9所示。

2. After Effects CC 2018特效制作软件

如果你觉得单纯的视频画面比较单调，想给你的画面添加一点有趣的东西，那就需要使用After Effects（简称为AE）这款特效软件。比如综艺节目里面的各种表情包、音效、字幕，甚至电影里面的爆炸效果，都可以实现。AE还有很多的模板，可以使用模板里面的部分素材或直接套用模板。相对于初学者而言，AE是款比较专业的影视特效工具，我们可以使用AE软件制作视频片头，如图1-10所示。

图1-9 Pr启动界面

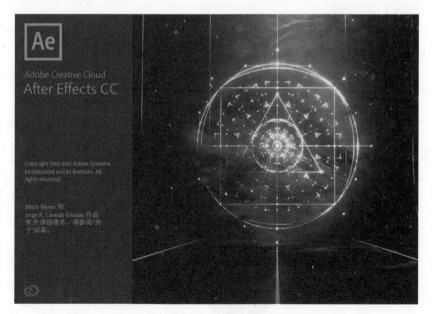

图1-10 AE启动界面

本书主要以After Effects和Premiere Pro软件做视频合成和编辑。

第2章

拍摄前准备工作

在开始拍摄前，需要准备相应的摄影器材，还需要了解视频的基本术语、视频拍摄流程等知识。只有做好前期的准备工作，才能更好地制作视频。

商家制作视频要准备好前期的摄影器材，摄影器材是指照相机、镜头、固定支架及其相关附件、与摄影活动相关的各种设备和物品的统称。下面介绍如何选择摄影器材，在器材上的花费不算太高，但是需要花费时间来拍摄，积累经验，总结技巧。

2.1 器材的选择

1. 单反相机

单反相机作为拍摄视频必不可少的工具，其性能能满足一般用户和专业摄影师的需求。单反相机相对于传统的摄像机更好携带，在拍摄时因其体积小而更容易操作，并且能够更简便地进行一些摇镜头和移动镜头的拍摄，如图2-1所示。

图2-1 单反相机

　　单反相机有丰富的镜头，如微距镜头、鱼眼镜头、移轴镜头，移轴镜头可以实现丰富的特殊效果的拍摄。利用镜头的特性，单反相机在拍摄时可以将背景虚化，从而突出主体。

　　在昏暗的环境下，单反相机可以通过提高感光度来实现画面纯净、低噪点拍摄效果。单反相机市面上有很多，对于不同的相机，价位也不同，新开店铺的商家在资金不够的情况下，可以选择5000元左右的入门型数码单反相机，而资金充裕的则可以选择更高价位的单反相机。单反相机是否有防抖功能也是要考虑的因素。

2. 镜头

　　镜头是相机的最重要的部件，它的好坏直接影响到拍摄成像的质量。镜头一般分为标准镜头、广角镜头、长角镜头、变焦镜头、微距镜头等。

　　标准镜头是所有镜头中最基本的摄影镜头。其视角一般为45°到50°，所拍摄的影像接近于人眼视觉中心的视角范围，其透视关系接近于人眼所感觉到的透视关系，所以能逼真地再现被拍摄的影像，如图2-2所示。

图2-2　标准镜头拍摄效果

广角镜头焦距短，视觉大，景深长，比较适合拍摄较大的场景，如图2-3所示。

图2-3 广角镜头拍摄效果

长焦镜头是指比标准镜头的焦距长的摄影镜头。长焦镜头焦距长，视角小，在同一
距离上能拍出比标准镜头更大的影像，适合远距离拍摄，如图2-4所示。

图2-4 长焦镜头拍摄效果

变焦镜头是指在一定范围内可以变换焦距，从而得到不同宽窄的视角、不同的影
像和不同景物范围的镜头。可以通过变动焦距来改变拍摄的范围，方便画面的构图，如
图2-5所示。

图2-5 变焦镜头拍摄效果

微距镜头是一种用作微距摄影的特殊镜头。这种镜头的分辨率相当高，主要用于拍摄体积较小的物体，如图2-6所示。

图2-6 微距镜头拍摄效果

3. 辅助设备

要想拍出好的视频，光靠一台单反相机是不够的，不然你的镜头肯定是左右摇晃的，如何才能拍摄出专业的视频呢？这就需要辅助设备——三脚架。

三脚架是拍摄视频时最重要的辅助设备，主要用于稳定相机。没有这个设备，拍摄时手抖的可能性会非常大，一个好的三脚架可以让拍摄的画面更加稳定。将相机稳定在三脚架的上端，三脚架可以自由升高、降低，根据需要可以360°稳定转动，可以上下稳定摇移。一些短视频中的常规镜头使用三脚架完全能够满足。图片摄影用的三脚架通常没有手柄，自重较轻，承重也较轻，云台可以翻转；拍摄视频用的三脚架自重都较大，承重也较大，备有手柄，相机可以做出上下左右平滑的转动，如图2-7所示。

图2-7 三脚架

4. 遮光罩

遮光罩是安装在相机镜头前端的遮挡有害光的装置，也是最常用的摄影配件之一。使用遮光罩对于抑制画面光晕、避免杂光进入镜头、阻挡雨雪溅落、保护相机和镜头免遭碰撞等，会起到很好的作用。在室外摄影时应尽量使用遮光罩，这对于提高拍摄质量是非常有益的，如图2-8所示。

图2-8 遮光罩

5. 拍摄台

搭建拍摄台需要一张桌子、背景架、背景布和夹子，如图2-9所示。

图2-9 拍摄台

6. 柔光灯箱

在使用单反相机拍摄的过程中，柔光灯箱能够大范围、均匀地散发光线，柔光灯箱散发出的光像日光一样。

7. 万向转接头

万向转接头是摄影棚必备的配件，用法多样，可以用来夹柔光屏，还可用来夹灯架或夹横杆，很方便，如图2-10所示。

图2-10 万向转接头

8. 亚克力拍摄台

亚克力拍摄台用来支撑有机玻璃块，如图2-11所示。

图2-11　亚克力拍摄台

9. 电动转盘

电动转盘主要用于拍摄全景图、淘宝60秒主图视频及商品视频拍摄。电动转盘可以360°顺时针转动，展示产品外观，提高买家可视体验，如图2-11所示。

图2-11　电动转盘

2.2　灯光和布光手法

为了让买家看得更清楚明白，要尽量让产品的每个部分受光均匀，拍出颜色鲜明、细节清楚、色彩准确的效果。

下面先来说拍摄要点：尽可能使用大面积光源，或者说，使用尺寸尽可能大的柔光灯箱，以保证光线均匀。让柔光灯箱尽可能地靠近产品，保证产品的每一部分受光均匀。拍摄衣服的效果，如图2-12所示。

图2-12　拍摄衣服的效果

拍摄时候要让衣服大面积受光，使正面受光均匀，我们常用的布光方法是：使用两个灯，使其左右呈45°夹角。在实际操作中，很难为服装提供各处光线都均匀的效果，那我们如何布光，不易导致服装失色，使光线散发均匀呢？下面给大家介绍实用的布光方法。

左右主光：大尺寸灯箱，左右摆放，直接面朝挂服装的背景（即正面直视背景）。

顶光：又称之为"氛围光"，虽然左右主光已为服装提供了大部分的光线，但在挂拍或者摆拍中打一个柔光灯箱的顶光，服装画面立即会显得"明朗"起来。灯光布局如图2-13所示。

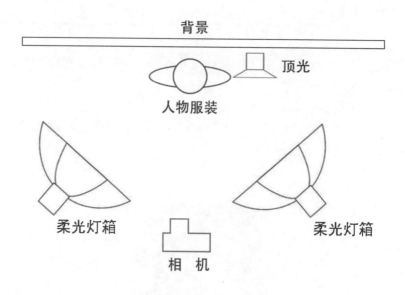

图2-14　布光

通过这三个柔光灯箱将物体在画面中立体化，这种布光方法是最常用的方法，所以掌握这种布光方法并融会贯通，拍摄视频的基本布光就没有问题了。

2.3　视频构图

构图是视频拍摄中最重要的技巧之一，是对画面中各元素的组合、配置与取舍，从而更好地表达出作品的主题与美感。同样的事物，不同的角度就有不同的构图。

1. 构图的基本原则

突出画面的主体是构图的主要目的。在视频的构图上，将拍摄主体放在醒目的位置。从人们的视觉习惯来讲，把主体放置在视觉中心的位置上，更加容易突出主体，如图2-15所示。

图2-15　放在视觉中心

辅助物体衬托

　　如果只有主体台灯而没有辅助物体衬托，画面就会显得呆板而无变化。但辅助物体不能喧宾夺主，主体在画面上必须显著突出，如图2-16所示。

图2-16　辅助物体衬托

环境衬托

　　在拍摄时将拍摄对象手表置于水杯中，不仅能突出主体，还能给画面增加浓重的现场感，体现出手表的防水功能，如图2-17所示。

图2-17　环境衬托

2. 构图方法

常用的构图方法有黄金分割构图和中心构图。

黄金分割构图

黄金分割构图又叫三分构图法、九宫格构图或者井字构图。把画面横向、纵向三等分，产生的四个焦点接近黄金分割的位置，这种方法广泛应用于影视艺术创作中，也是让画面协调的一种方法。黄金分割构图是初学者必须学会的构图方式，它的作用不仅让视频看起来更自然，还能锻炼我们的眼睛，让更多的创意在符合审美的前提下迸发出来，如图2-18所示。

图2-18　黄金分割构图

中心构图

中心构图就是将画面中的焦点置于中心位置的构图方式。这种构图方式的意图是强调焦点，对于人像拍摄来讲就是强调人，对于产品拍摄来讲就是强调产品，如图2-19所示。

图2-19　中心构图

2.4　拍摄角度与景别

在拍摄商品时，从多个角度拍摄更能体现商品的全貌，给买家全貌的展示。

1. 拍摄的方位

正面拍摄

正面拍摄是给买家的第一印象，需要模特的商品（如服装、首饰等），还需要在正面以多种造型进行拍摄展示，如图2-20所示。

图2-20　正面拍摄

侧面拍摄

侧面拍摄包括正侧面和斜侧面。斜侧面不仅能表现产品上面的侧面效果，也能给画面一种延伸感和立体感，因此斜侧面的拍摄更多于侧面的拍摄，如图2-21所示。

图2-21　侧面拍摄

背面拍摄

一般表现商品的全貌时，背面拍摄也必不可少，如服装、鞋子、包等，如图2-22所示。

图2-22　背面拍摄

2. 拍摄的角度

在拍摄前观察被拍摄的物体，选择最佳能表现其特征的角度。

平视角度

拍摄点与被拍摄对象处于同一水平线上，以平视的角度拍摄，画面效果接近人们观察事物的视觉习惯。在商品摄影中能真实地反映其形状等外形特征，如图2-23所示。

图2-23　平视角度

仰视角度

拍摄点低于拍摄的对象，以仰视的角度来拍摄商品，能够突出商品主体，表现商品的内部结构，如图2-24所示。

图2-24　仰视角度

俯视角度

拍摄点高于拍摄的对象，以俯视的角度拍摄较低位置的物体。在淘宝视频中最常见的是以俯视角度拍摄商品，如图2-25所示。

图2-25　俯视角度

3. 景别

为了更好地表现商品，可以选择不同的景别来拍摄商品。

景别主要是指摄影机与拍摄对象之间距离的远近，而造成画面上形象的大小不同。景别的划分没有严格的界限，一般分为远景、全景、中景、近景和特写。

远景是指摄像机远距离地拍摄事物。镜头离拍摄对象比较远，画面开阔，如图2-26所示。

图2-26 远景

全景是指表现物体的全貌，或者人物的全身，这种景别在淘宝视频中应用较多，用于表现商品的整体造型，如图2-27所示。

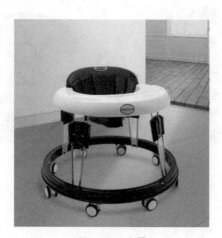

图2-27 全景

中景能够将对象的大概外形展示出来，又在一定程度上显示了细节，是突出主体的常见景别，如图2-28所示。

图2-28　中景

近景是指拍摄物体的局部，能很好地表现对象的特征、细节，如图2-29所示。

图2-29　近景

特写用于表现对象的细节，这是在淘宝视频拍摄中必用的景别。特写能表现商品的材质、质量等细节，如图2-30所示。

图2-30 特写

2.5 淘宝视频制作流程

不同的商品，其拍摄流程也不同。可以先准备好商品拍摄的文案脚本，每个商品都有其独特的形式，下面介绍淘宝商品的拍摄流程。

1. 了解商品的特点

淘宝视频的拍摄需要拍摄者对商品有一定的认识与了解，包括商品的特点、使用方法等，只有了解商品后，才可以选择合适的模特、环境、时间，以及根据商品的大小、材质来确定拍摄的器材、拍摄布光等。在拍摄时，对商品的特色进行重点表现，可以帮助消费者了解商品，打消其顾虑并促成购买。

下面是"电水壶"视频制作的一些具体细节。

1．视频的长度推荐在30秒左右，不超过1分钟。

2．视频封面要有吸引力，干净整洁，不能有字。

3．视频的分镜推荐使用以下两类：

（1）每个功能展示（每个分镜可以标注步骤内容）、全景展示；

（2）产品的功能、特点、材质、使用方法。

4．关联的商品可以为杯子、咖啡、餐具、零食、书和手机等，就是把水壶进行场景化，这些是需要在视频中实际用到的，如图2-31所示。

图2-31　关联商品

2. 室内道具、模特和场景的准备

道具、模特和场景的准备是非常重要的步骤。

道具：商品拍摄道具有很多，但是道具的使用还要根据商品来选择。拍摄的场景选择室内的场景，室内场景需要考虑灯光、背景与布局等；需要拍摄多组视频，便于多方位地展示商品，以及方便后期挑选与剪辑，如图2-31所示。

图2-31　室内拍摄

3. 视频拍摄

在一切准备就绪后，就可以拍摄视频了，如图2-32所示。

图2-32　拍摄视频

4. 后期合成

拍摄视频后，会需要将多余的部分删减，将多个场景组合，以及添加字幕、音频、转场、特效等。这些操作需要借助视频剪辑软件，常用的剪辑软件为Premiere。由于Premiere容易上手、专业、功能强大，在下一章中我们会学习使用Premiere的视频剪辑方法。

第3章

视频剪辑

视频拍摄后还需要进行剪辑，如选取需要的视频片段，添加声音与文字等，而这些操作需要在视频剪辑软件Premiere中实现。本章将介绍使用Premiere软件剪辑视频、添加文字和音效，以及讲解电水壶短视频的制作流程。

3.1　Premiere Pro CC 2018软件介绍

Premiere由Adobe公司推出，是一款支持新技术和摄像机的视频编辑软件，它用于将视频段落组合和拼接，并提供一定的特效与调色，其几乎可以与所有视频采集源完美结合起来，并且还有大量的插件和其他后期制作工具。目前这款软件广泛应用于广告制作和电视节目制作中。截至本书出版前，其新版本为Adobe Premiere Pro CC 2018。

Premiere是视频编辑爱好者和专业人士必不可少的视频编辑工具，它允许在视频中任何位置上放置、替换和移动视频，可以随时对视频的任何部分进行调整，无需按特定的顺序执行编辑。Premiere提供了采集、剪辑、调色、美化音频、字幕添加、输出、DVD刻录等一整套流程，如图3-1所示。

使用Premiere制作视频的流程如下：

1．拍摄视频素材，在制作视频前要拍摄原始视频素材或者收集视频素材资源。

2．将视频素材采集或者复制到计算机硬盘。

3．整理和剪辑，整理一个拍摄项目的大量视频供我们选择，花时间将项目中的视频放到一个文件夹，还可以添加彩色标签，以帮助保存，使其井然有序。

图3-1 Premiere启动界面

4．将想要的视频段落和音频剪辑合并成一个序列，并将它们添加到时间轴。

5．在剪辑中直接加入特殊的过渡效果，添加视频效果，并通过在多个轨道上放置剪辑来创建综合的视觉效果。

6．创建字幕或者图像，并以添加视频剪辑相同的方式将它们添加到序列中。

7．混合音频轨道，并在视频剪辑上使用过渡和特效改善声音。

8．将制作完成的项目导出视频，使其适用于互联网播放或者移动设备播放。

3.2 Premiere工作区概述

了解Premiere工作区对我们进行视频编辑很有用，Premiere工作区让用户界面更简单，其可以快速配置各种面板和工具。

01 启动Premiere，打开"开始"界面，"开始"界面显示"新建项目"或者"打开项目"，如图3-2所示。

图3-2　开始界面

02 单击"新建项目"，打开"新建项目"对话框，如图3-3所示。

图3-3　新建项目

03 在这里可以设置项目"名称"和项目保存的"位置",单击"确定"按钮,进入Premiere界面,如图3-4所示。

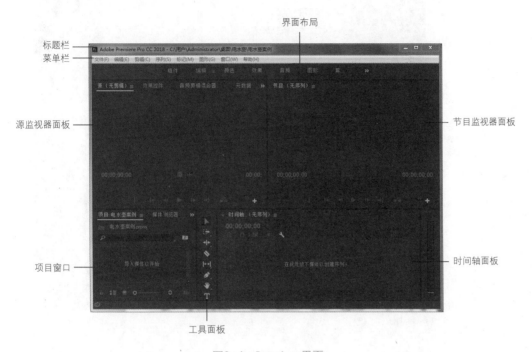

图3-4 Premiere界面

源监视器面板:该面板位于界面左侧,用来查看和修剪原始剪辑(拍摄的原始视频素材),要在源监视器面板中查看剪辑,需要在项目窗口中双击素材。

节目监视器面板:用来查看序列,节目监视器面板除了播放按钮,还有一些其他按钮,如图3-5所示。

时间轴面板:大部分的实际编辑工作在这里完成,在时间轴面板中可以查看并处理序列,如图3-6所示。

媒体浏览器面板:此面板用于浏览硬盘以查找素材,特别适用于查找基于文件的摄像机媒体文件,如图3-7所示。

效果面板:此面板包含序列中使用的所有剪辑效果,包括视频滤镜、音频效果和过渡等,如图3-8所示。

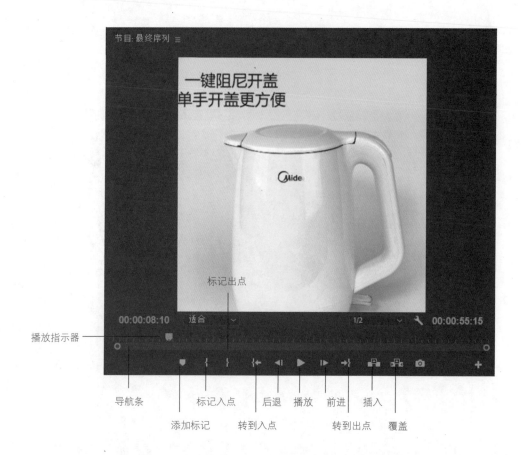

图3-5　节目监视器面板

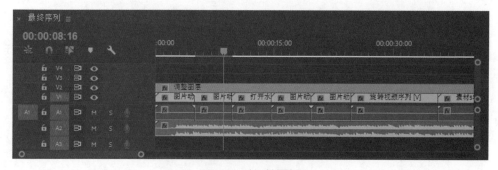

图3-6　时间轴面板

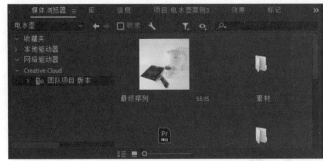

图3-7 媒体浏览器面板　　　　　　　　　图3-8 效果面板

　　音频剪辑混合器面板：此面板在默认情况下停在源面板和效果控件面板旁边，看起来很像一台音频制作的硬件设备，它包括音量滑动和平移旋钮。在时间轴上每个音轨都有一套控件，进行的调整会应用到音频剪辑中，可以将音频调整应用到轨道。

　　效果控件面板：此面板停靠在源面板旁边，显示所选剪辑的效果控件。可视剪辑都拥有运动、不透明度和时间重映射的效果控件，效果参数可以随时间进行调整，如图3-9所示。

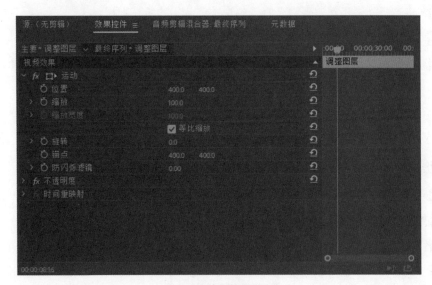

图3-9 效果控件面板

　　工具面板："选择工具"可以移动时间轴上的素材；"剃刀工具"用于剪辑视频；"文字工具"用于创建文字，如图3-10所示。

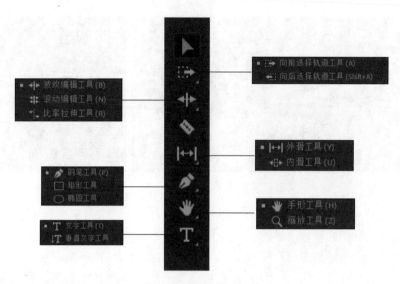

图3-10　工具面板

▶选择工具，用来选择轨道和移动轨道。

→向前选择轨道工具，可以选择该轨道上箭头后的所有素材。

←向后选择轨道工具，可以选择该轨道上箭头前的所有素材。

◄►波纹编辑轨道工具，可以改变一段素材的入点和出点，这段素材后面的素材会自动吸附上去，总长度不变。

⇋滚动编辑工具，可以改变前一个素材的出点和后一个素材的入点，且总长度保持不变。

↗比率拉伸工具，用来对视频进行变速，可以制作快放、慢放等效果。

↔内滑工具，用内滑工具在轨道上拖曳某个片段，可以同时改变该片段的入点和出点。

◇剃刀工具，用于剪辑视频。

|↔|外滑工具，用外滑工具在轨道上拖曳某个片段，被拖曳片段的入点和长度不变。

✎钢笔工具，用来绘制形状。

□矩形工具，用来绘制矩形。

○椭圆工具，用来绘制椭圆形。

✋抓手工具，主要用来对轨道进行拖曳，它不会改变任何素材在轨道上的位置。

缩放工具，对整个轨道进行缩放。

文字工具，用于在节目监视器面板输入文本，可以用于制作字幕。

项目面板：在这里放置到项目素材的链接。这些素材包括视频剪辑、音频文件、图形、静态图片和序列，可以通过文件夹来组织这些素材，如图3-11所示。

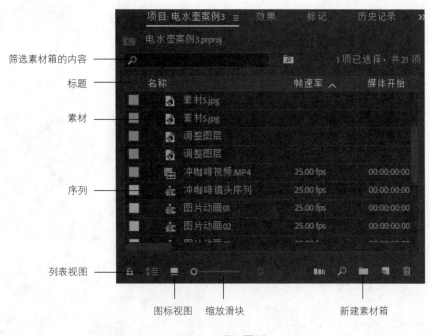

图3-11　项目面板

3.3　视频剪辑基础

本节将介绍如何导入视频和音频素材，并将素材放置到时间轴进行剪辑。利用剪辑工具将几段素材分别剪辑和合成，制作一个有背景音乐的产品视频，从而了解整个视频剪辑的制作流程，视频效果如图3-12所示。

图3-12　视频效果

3.3.1　视频剪辑工具

　　本节将介绍视频剪辑的"剃刀工具"，了解视频剪辑技巧，掌握视频剪辑的基本流程。

（1）在项目窗口右击并选择"导入..."，打开导入选项框，导入素材，如图3-12所示。

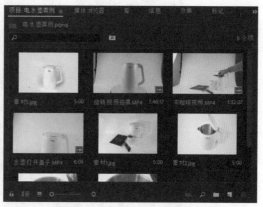

图3-12 导入素材

（2）在项目窗口右下角单击"新建"按钮，选择"序列..."，如图3-13所示。

图3-13 新建序列

（3）在"新建序列"窗口选择"设置"，编辑模式选择"自定义"，在帧大小输入"800"水平和"800"垂直，像素长宽比选择"方形像素（1.0）"，序列名称改为"打开水壶盖子"，如图3-14所示。

（4）单击"确定"按钮，时间轴将显示刚才创建的序列名称，如图3-15所示。

（5）将素材"水壶打开盖子.MP4"拖曳到时间轴面板"打开水壶盖子"序列的V1轨道中，弹出"剪辑不匹配警告"窗口，如图3-16所示。

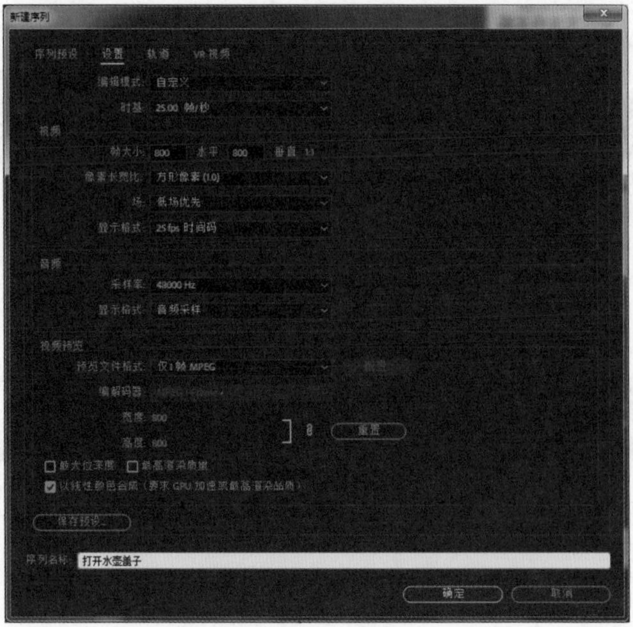

图3-14　新建序列

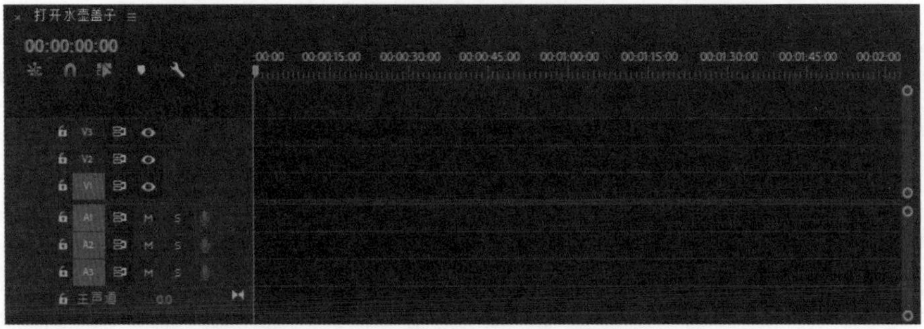

图3-15　时间轴

图3-16　"剪辑不匹配警告"窗口

（6）单击"保持现有设置"按钮，如图3-17所示。

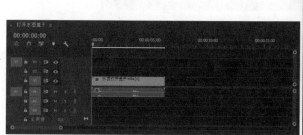

图3-17 时间轴和监视器窗口

（7）我们拍摄的视频尺寸为1920像素×1080像素，节目面板显示的尺寸为800像素，有部分画面没有显示，我们来缩放视频。选择时间轴轨道，在"效果控件"面板会显示视频的属性，调整缩放参数为"75.0"，位置水平参数调整为"237.0"，如图3-18所示。

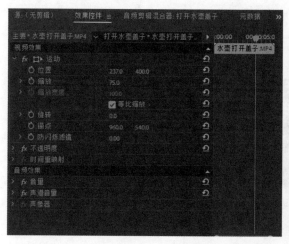

图3-18 时间轴和监视器窗口显示

（8）按空格键播放视频，我们发现开始1秒的视频画面是静态的，将时间移动到1秒的位置，选择 "剃刀工具"，在时间轴轨道上单击，可以将视频剪辑为2段，如图3-19所示。

图3-19　视频剪辑

（9）选择 ▶ "选择工具"，在时间轴轨道上选择前面一段视频，右击并选择"清除"，这样可以将前面的视频删除，如图3-20所示。

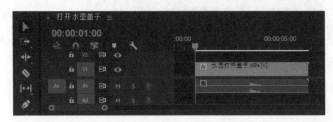

图3-20　清除视频

（10）用"选择工具"将视频移动到开始时间处，选择轨道上的视频，右击并选择"取消链接"，这样可以将视频和音频分开，如图3-21所示。选择时间轴上的音频，右击并选择"清除"，这样就将音频删除了。

图3-21　取消链接

至此，就完成了打开水壶盖子的视频剪辑。

3.3.2　视频加速

本节将介绍时间的重置功能，用来改进快动作或者慢动作。通过时间重置功能，可以对同一段素材进行速度的变化控制，素材的长度也会随着速度的变化在时间轴上自行调整。

（1）新建序列，在设置面板中，编辑模式选择"自定义"，帧大小设为800像素，序列名称改为"旋转视频序列"，如图3-22所示。

图3-22 新建序列

（2）在项目窗口中选择素材"旋转视频拍摄.MP4"，将素材拖曳到时间轴"旋转视频序列"的V1轨道中，以合适的单位比例显示时间轴素材。这里按快捷键\，以合适的长度来自动显示视频，如图3-23所示。

图3-23 时间轴

> 提示：在时间轴中可以用适当的时间刻度单位来显示素材片段，可以使用三个快捷键来分别控制缩小、放大和自动适配时间单位，这三个快捷键分别是–（缩小）、+（放大）和\（自动适配）。

（3）选择轨道上的视频，右击并选择"取消链接"，这样将视频和音频分开，选择音频，然后按Delete键删除音频。

（4）选择轨道上的视频，在"效果控件"面板调整视频的属性，如图3-24所示。

图3-24 调整视频属性

（5）选择"剃刀工具"，将时间移动到00:01:12:20，单击"剃刀工具"，将视频剪切为2段，如图3-25所示。

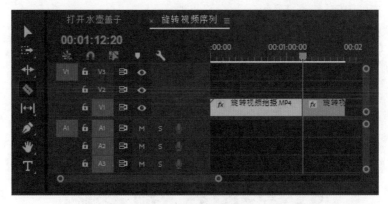

图3-25 剪切视频

（6）用"选择工具"将前面的一段视频选择，按Delete键删除视频，将后面一段视频拖曳到时间开始处，如图3-26所示。

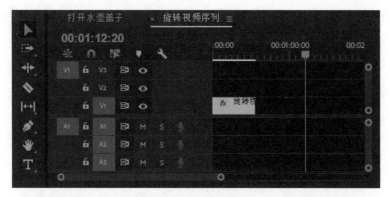

图3-26 删除视频

（7）选择视频，右击并选择"速度/持续时间"，弹出"剪辑速度/持续时间"窗口，原始"速度"为100％，"持续时间"为00:00:23:22（23秒22帧），将"速度"修改为300%，"持续时间"修改为00:00:10:24（10秒24帧），这样速度就提高了3倍，如图3-27所示。

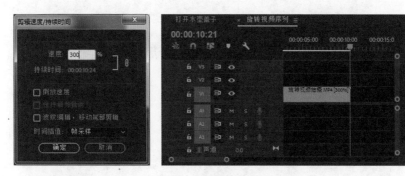

图3-27 调整持续时间

（8）单击"确定"按钮，完成时间的变速，按空格键播放视频，可以看到视频实时、流畅地播放。

3.3.3 视频剪辑

本节将介绍冲咖啡视频的剪辑，拍摄本节视频的时候，里面有部分抖动的镜头，需要通过剪辑工具对视频进行剪辑，然后组合视频。

（1）新建序列，单击"设置"按钮，编辑模式选择"自定义"，帧大小设为"800"，像素长宽比设为"方形像素（1.0）"，序列名称改为"冲咖啡镜头序列"，如图3-29所示。

图3-29　新建序列

（2）从项目窗口将"冲咖啡视频.MP4"拖曳到冲咖啡镜头序列的时间轴上，如图3-30所示。

图3-30　时间轴

（3）选择视频并右击，选择"取消链接"，将视频和音频分开，选择音频并按Delete键删除音频。

（4）选择视频，在效果控件面板中调整属性，位置水平参数调整为"322.0"，缩放参数调整为"75.0",如图3-31所示。

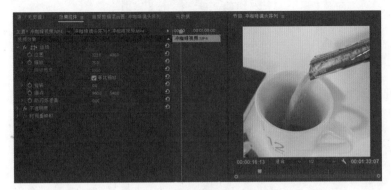

图3-31 效果控件面板调整

（5）冲咖啡视频是一段1分钟32秒的素材，内容是倒咖啡、倒水的镜头，下面我们对素材进行分割，将时间指针移动到13秒18帧，按快捷键Ctrl+K将视频分割开，接着在第17秒23帧、29秒07帧、31秒01帧、50秒06帧、1分1秒1帧、1分10秒10帧、1分22秒1帧、1分24秒17帧分割不同的素材。将拍摄抖动的素材删除，如图3-32所示。

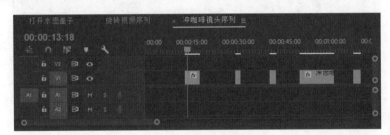

图3-32 剪辑视频

（6）用选择工具将时间轴上的素材连接在一起，一共四段素材，如图3-33所示。

图3-33 时间轴设置

（7）第三段素材播放时间较长，选择第三段素材并右击，选择"速度/持续时间"，弹出"剪辑速度/持续时间"对话框，速度设置为"200％"，如图3-34所示。

图3-34 持续时间设置

（8）单击"确定"按钮。将第四段素材用选择工具移动到第三段素材结尾处，如图3-35所示。

图3-35 时间轴编辑

（9）第四段素材播放的时候，水壶有一部分在节目面板外面，选择第四段素材，打开效果控件面板，位置水平参数调整为"203.0"，如图3-36所示。

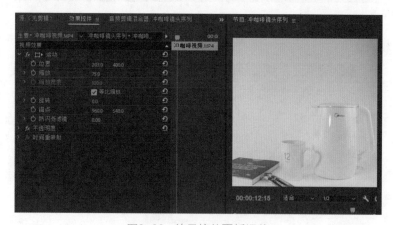

图3-36 效果控件面板调整

至此，完成了冲咖啡视频的剪辑，按空格键可以播放视频。

3.3.4 关键帧动画

在不同的时间里设置不同的素材参数，使素材画面在播放时随着参数的改变而形成相应的动画。我们主要通过对素材的尺寸、位置和角度进行操作来设置关键帧，下面学习图片关键帧动画。

1. 素材1关键帧动画

（1）新建序列，在设置面板中，编辑模式设为"自定义"，帧大小设为"800"，像素长宽比设为"方形像素（1.0）"，序列名称改为"图片动画01"，如图3-37所示。

图3-37 新建序列

（2）单击"确定"按钮，将"素材01"拖曳到时间轴，如图3-38所示。

图3-38　时间轴面板

（3）选择素材，打开效果控件面板，位置参数调整为"386.0"和"400.0"，缩放参数调整为"45.0"，如图3-39所示。

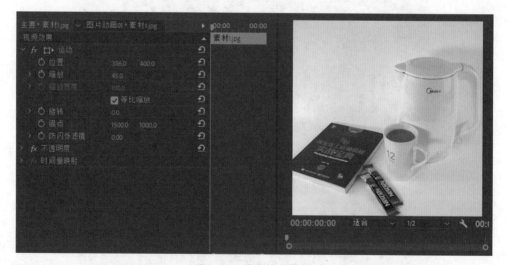

图3-39　效果控件面板

（4）将时间移动到开始处，单击"缩放"前面的切换动画，添加一个关键帧，将时间移动到4秒24帧，缩放参数调整"70.0"，如图3-40所示。

（5）按空格键进行播放，可以预览动画效果。

图3-40 效果控件面板调整

2. 素材2动画

（1）新建序列，在设置面板中，编辑模式设为"自定义"，帧大小设为"800"，像素长宽比设为"方形像素（1.0）"，序列名称改为"图片动画02"。

（2）将"素材2.jpg"拖曳到时间轴，如图3-41所示。

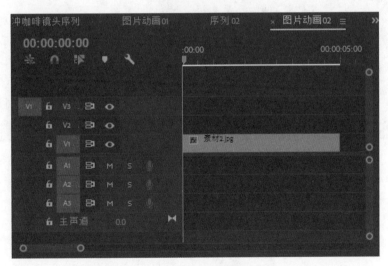

图3-41 时间轴面板

（3）选择素材，打开效果控件面板，位置参数调整为"326.0"和"420.0"，缩放参数调整为"28.0"，如图3-42所示。

图3-42　效果控件面板调整1

（4）将时间移动到开始处，单击"位置"前面的切换动画 ⏱，添加一个关键帧，将时间移动到4秒22帧，位置参数调整"326.0"和"31.0"。按空格键预览动画，这样就可以看到水壶从下向上移动的动画效果，如图3-43所示。

图3-43　效果控件面板调整2

（5）将时间移动到开始处，选择"文字工具"，在节目窗口中输入文本"一键阻尼开盖单手开盖更方便"，在左侧效果控件面板可以修改字体大小为"50"，颜色改为"黑色"，单击居中对齐 ▤，如图3-44所示。

（6）将时间移动到开始处，选择文字层，单击"效果控件"面板中的"不透明度"前面的切换动画，添加一个关键帧，设置不透明度为"0.0％"，如图3-45所示。

（7）将时间移动到1秒，设置不透明度为"100.0％"，将时间移动到2秒，单击"添加关键帧"，如图3-46所示。

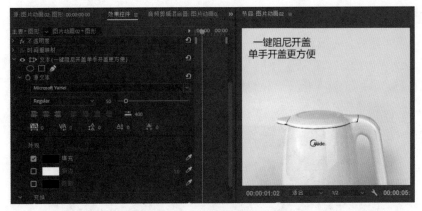

图3-44　文字属性设置

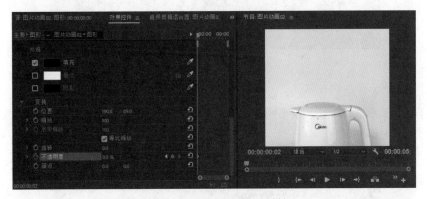

图3-45　不透明度设置关键帧1

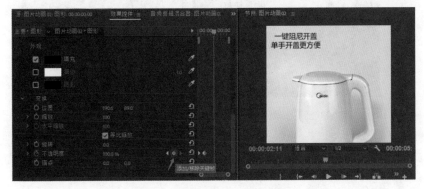

图3-46　不透明度设置关键帧2

（8）将时间移动到3秒，设置不透明度为"0.0%"，这样就完成了文字的动画效果。

3. 素材3动画

（1）新建序列，在设置面板中设置编辑模式为"自定义"，帧大小设为"800"，像素长宽比设为"方形像素（1.0）"，序列名称改为"图片动画03"。

（2）将"素材3.jpg"拖曳到时间轴，将素材选择在"效果控件"面板，缩放参数调整为"42.0"，如图3-47所示。

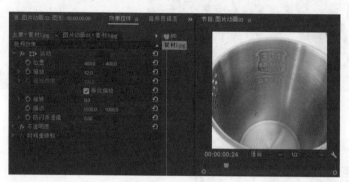

图3-47　调整缩放参数

（3）将时间移动到开始处，单击"缩放"前面的切换动画，添加一个关键帧，将时间移动到4秒18帧，缩放参数调整"55.0"，如图3-48所示。按空格键预览动画，这样就可以看到水壶缩放动画。

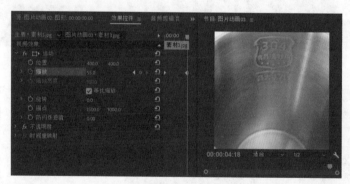

图3-48　缩放关键帧动画

（4）将时间移动到开始处，选择"文字工具"，在节目窗口中输入文本"1.7升大容量一次烧开一天的饮水量"，在左侧效果控件面板可以修改字体大小为"50"，颜色改为"黑色"，单击居中对齐，如图3-49所示。

（5）将时间移动到开始处，选择文字层，单击效果控件面板中的"不透明度"前面的切换动画，添加一个关键帧，设置不透明度为"0.0％"。

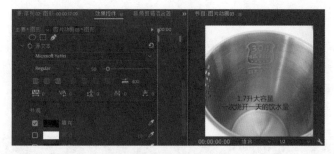

图3-49 文字参数调整

（6）将时间移动到1秒，调整不透明度为"100.0％"，将时间移动到2秒，单击"添加关键帧"，如图3-50所示。

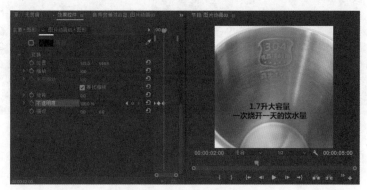

图3-50 添加不透明关键帧

（7）将时间移动到3秒，调整不透明度为"0.0％"，这样就完成了文字的动画效果，如图3-50所示。

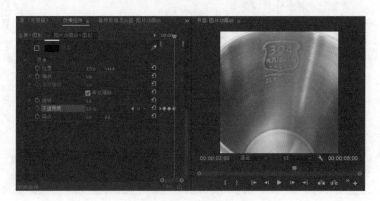

图3-50 动画设置

4. 素材4动画

（1）新建序列，在设置面板中设置编辑模式为"自定义"，帧大小设为"800"，像素长宽比设为"方形像素（1.0）"，序列名称改为"图片动画04"。

（2）将"素材4.jpg"拖曳到时间轴，在"效果控件"面板选择素材，缩放参数调整为"40.0"，如图3-51所示。

图3-51　效果控件面板调整

（3）将时间移动到开始处，单击"缩放"前面的切换动画，添加一个关键帧，将时间移动到4秒22帧，缩放参数调整为"58.0"。按空格键预览动画，这样就可以看到水壶缩放动画，如图3-52所示。

图3-52　缩放关键帧动画

（4）将时间移动到开始处，选择"文字工具"，在节目窗口中输入文本"聚水环上盖开盖防烫更安全"，在左侧效果控件面板可以修改字体大小为"50"，颜色改为"黑色"，单击居中对齐 ■ ，如图3-53所示。

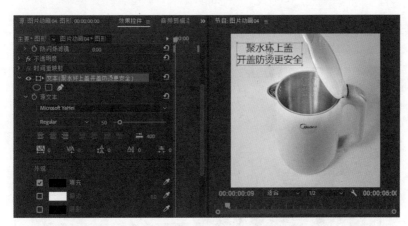

图3-53 效果控件面板

（5）将时间移动到开始处，选择文字层，单击效果控件面板中的"不透明度"前面的切换动画，添加一个关键帧，设置不透明度为"0.0％"。

（6）将时间移动到1秒，调整不透明度为"100.0％"，将时间移动到2秒，单击"添加关键帧"，如图3-54所示。

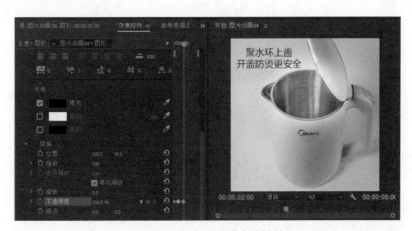

图3-54 添加不透明度关键帧

（7）将时间移动到3秒，调整不透明度为"0.0％"，这样就完成了文字的动画效果。

5．素材5动画

（1）新建序列，在设置面板中，编辑模式设为"自定义"，帧大小设为"800"，像素长宽比设为"方形像素（1.0）"，序列名称改为"图片动画05"。

（2）将"素材5.jpg"拖曳到时间轴，在效果控件面板选择素材，缩放参数调整为"41.0"，如图3-55所示。

图3-55　调整缩放参数

（3）将时间移动到开始处，单击"位置"前面的切换动画 🕐，添加一个关键帧，将时间移动到4秒19帧，位置参数调整为"559.0"和"400.0"。按空格键预览动画，这样就可以看到水壶水平移动的动画效果，如图3-56所示。

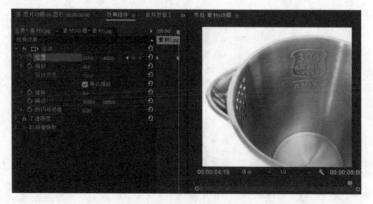

图3-56　位置动画关键帧

（4）将时间移动到开始处，选择"文字工具"，在节目窗口中输入文本"不锈钢过滤网有效过滤杂质"，在左侧效果控件面板可以修改字体大小为"50"和颜色为"黑色"，单击居中对齐■，如图3-57所示。

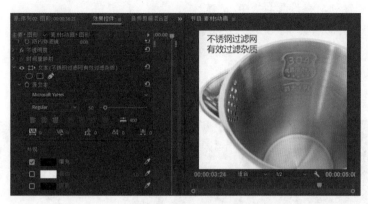

图3-57　文字参数调整

（5）将时间移动到开始处，选择文字层，单击效果控件面板中的"不透明度"前面的切换动画，添加一个关键帧，不透明度设置为"0.0％"。

（6）将时间移动到1秒，调整不透明度为"100.0％"，将时间移动到2秒，单击"添加关键帧"，如图3-58所示。

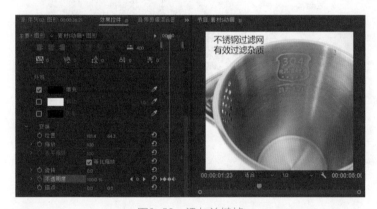

图3-58　添加关键帧

（7）将时间移动到3秒，调整不透明度为"0.0％"，这样就完成了文字的动画效果。

3.3.5　视频合成和音频剪辑

下面介绍将之前的序列合成在一起，然后排列视频镜头的顺序。在时间轴上添加调整图层，给整个视频进行调色，并导入音频素材，对音频素材进行剪辑。

（1）新建序列，在设置面板中，编辑模式设为"自定义"，帧大小设为"800"，像素长宽比设为"方形像素（1.0）"，序列名称改为"最终序列"。

（2）将"图片动画1"序列拖曳到时间轴，依次选择"图片动画2""打开水壶盖子""图片动画3""图片动画4""旋转视频序列""素材动画5"和"冲咖啡镜头序列"，这样就将制作的每个视频动画结合在一起，如图3-59所示。

图3-59　素材整合

（3）下面调整视频的颜色，在"项目窗口"右下角单击"新建"按钮 ，旋转"调整图层"，弹出"调整图层"对话框，如图3-60所示。

图3-60　新建调整图层

（4）单击"确定"按钮，将"调整图层"拖曳到时间轴，用"选择工具"将调整图层的时间轴拖曳到和下面的轨道对齐，如图3-61所示。

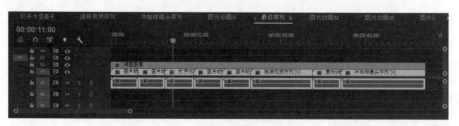

图3-61　调整图层

（5）在效果面板中执行"Lumetri 预设"＞"Filmstocks"命令，选择"Fuji Eterna 250d kodak 2395"并拖曳到时间轴的调整图层，如图3-62所示。

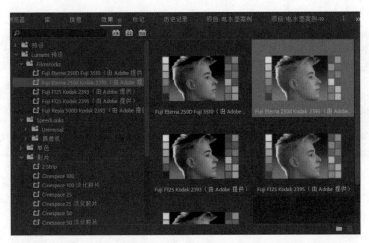

图3-62　选择"Fuji Eterna 250d kodak 2395"

（6）选择调整图层，将效果控件面板下的Lumetri颜色下的"强度"调整为"20.0"，如图3-63所示。

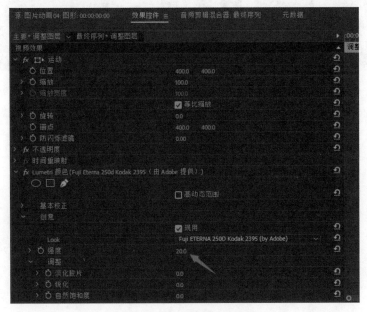

图3-63　效果控件面板调整

（7）这样就完成了整个画面的颜色调整。从素材窗口拖曳音频到时间轴面板"A2轨道"，选择"剃刀工具"，在视频结束处进行剪辑，然后删除后面一段音乐，如图3-64所示。

图3-64　音频剪辑

（8）打开效果面板，执行"音频过渡"＞"交叉淡化"＞"恒定增益"命令，将"恒定增益"拖曳到轨道上的音频结尾处，如图3-65所示。

图3-65　音频淡化

（9）在时间轴选中这个过渡，在效果控件面板可以看到这个音频过渡的图示。可以修改过渡的时间，播放并监听音频过渡的声音效果，我们听到声音音量将会淡化，如图3-66所示。

图3-66　效果控件面板

　　至此，完成了视频的制作，按空格键播放视频，可以看到我们制作的效果。

3.4　导出视频

　　视频制作好之后，最后一个环节就是输出文件，Premiere可以将时间轴中的内容以多种格式渲染输出，本节将介绍如何将这个视频导出。

　　（1）打开菜单栏，执行"文件"＞"导出"＞"媒体"命令，弹出"导出设置"对话框，如图3-67所示。

图3-67　导出设置

　　（2）在"导出设置"下勾选"与序列设置匹配"，勾选"使用最高渲染质量"，单击"导出"按钮，开始渲染视频，如图3-68所示。

图3-68 导出

（3）视频渲染完成，预览效果如图3-69所示。

图3-69 预览效果

以上我们介绍了将时间轴中的内容输出为MPEG格式的视频文件，这样就完成了电水壶短视频的制作。

第4章

视频合成

After Effects简称为AE，是Adobe公司开发的一款视频合成软件，是制作动态影像不可或缺的辅助工具，是视频后期合成处理的专业非线性编辑软件，截至本书出版前，其新版本为After Effects CC 2018。本章将介绍AE软件的使用、钱包短视频的制作、LOGO片头视频的制作及视频压缩的方法。

4.1 After Effects CC 2018软件介绍

After Effects应用范围广泛，涵盖影片、电影、广告、多媒体以及网页等，时下最流行的一些电脑游戏，很多都使用它来合成制作。合成技术是指将多种素材混合成复合的画面，AE为视频制作者提供了蓝屏/绿屏抠像、特殊效果等创造功能。

AE支持无限个图层，能够直接导入Illustrator和Photoshop的文件，它能提供虚拟移动图像以及多种类型的粒子系统，用它还能创造出独特的迷幻效果。Photoshop图层的引入，使AE可以对多图层的合成图像进行控制，制作出天衣无缝的合成效果；关键帧、路径的引入，使我们对控制高级的二维动画游刃有余；高效的视频处理系统确保了高质量视频的输出；令人眼花缭乱的特效系统使AE能实现使用者的一切创意。

打开AE软件进入启动界面，如图4-1所示。

然后进入其工作界面，界面分为菜单栏、工具栏、项目面板、合成面板、其他面板、时间轴面板等。

AE的所有命令选项都分布在9个下拉菜单中，分别是文件、编辑、合成、图层、效果、动画、视图、窗口和帮助，单击每个菜单，将弹出包含子命令的下拉菜单。有的菜单弹出时显示灰色，表示其处于非激活状态，需要满足一定的条件该命令才会被执行。部分下拉菜单中的命令名称右侧还有一个小箭头，表示该命令还存在其他子命令，用户只需要将鼠标光标移动到该命令，将自动弹出子命令，AE的工作界面如图4-2所示。

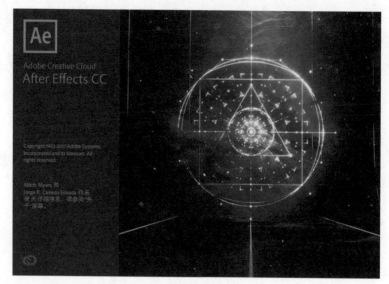

图4-1　AE启动界面

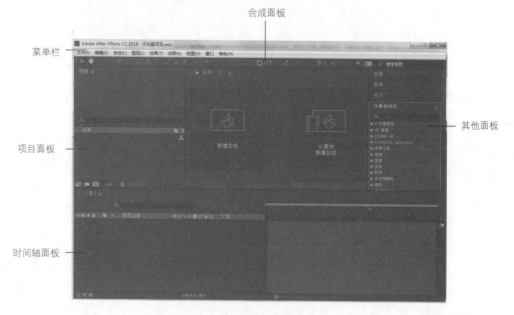

图4-2　AE工作界面

4.1.1　认识工具箱

下面我们来认识AE的工具箱，如图4-3所示。

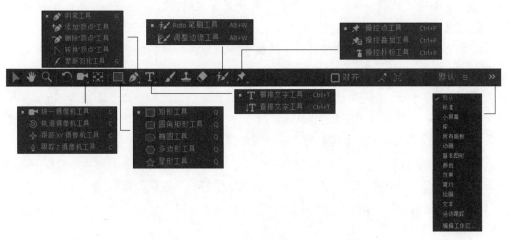

图4-3　AE工具箱

选择工具，主要用于在合成面板中选择、移动和调节素材、MASK、控制点等。

抓手工具，主要用来调整面板的位置，抓手工具不移动素材本身的位置，当面板放大后造成图像在面板中显示不全时，使用抓手工具在面板中移动，对素材没有任何影响。

缩放工具，主要用于放大或者缩小画面的比例。

旋转工具，主要用于旋转合成面板中的素材。

统一摄像机工具，可以任意调整摄像机视图，当用户创建了摄像机时，才可以使用此工具。

轨道摄像机工具，使用该工具可以任意方向旋转摄像机视图，调整到用户满意位置。

跟踪XY摄像机工具，用于水平或者垂直移动摄像机视图。

跟踪Z摄像机工具，用于缩放摄像机视图。

向后平移（锚点）工具，主要用于调整素材的定位点以及移动遮罩。

矩形工具，主要用来绘制矩形遮罩，可以在合成面板中拖动鼠标光标来绘制矩形遮罩。

矩形工具，可以用于绘制不规则遮罩或者开放的遮罩路径。里面有添加顶点工具、删除顶点工具、转化顶点工具和羽化蒙蔽工具。

文本工具，用于在合成的画面中创建文本，包括横排文字工具和直排文字工具。

画笔工具，主要用来在画面中创建各种笔刷和颜色，可以在层面板中进行特效绘制。

仿制图章工具，用来对画面中的区域进行选择性的复制。

橡皮擦工具，主要用于擦除画面中的图像。

Roto笔刷工具和调整笔刷工具，这两个工具是结合使用的，Roto笔刷工具可以快速地建立完美的遮罩。

操控点工具，用于在静态图片上添加节点，然后用操控点改变图像的形状，如同操作木偶一般，操控点工具由三个工具组成，分别是操控点工具、操控点叠加工具、操控排粉工具。操控点工具用于放置和移动变形点位置。

操控点叠加工具，用于放置交叠点位置，在交叠点周围放置图片将会出现一个白色区域，该区域表示产生图片扭曲时，该区域的图像将显示在最上面。

操控排粉工具，用来放置延迟点，在延迟点放置范围内的图像将减少受操控点工具的影响。

4.1.2　菜单栏和项目面板

在After Effects中，项目面板提供给我们一个管理素材的工作区，用户可以很方便地把不同的素材导入，并对它们进行替换、删除、注解、整合等工作，如图4-4所示。当用户改变导入素材所在硬盘的位置，After Effects会要求我们重新确认素材的位置。

在项目面板的空白处中，右击会弹出"导入"和"新建"快捷菜单。"新建合成…"可以创建新的合成项目；"新建文件夹"可以创建新的文件夹，可以分类管理素材；"新建Adobe Photoshop文件"可创建一个新的保存为PSD格式的文件；"新建MAXON CINEMA 4D文件"创建新的C4D文件，这是After Effects CC新整合的文件模式；"导入"可以导入新的素材；"导入最近的素材"可以导入最近的素材，如图4-5所示。

解释素材按钮，用于打开解释素材面板，在这里可以设置导入影像素材的相关设置，如图4-6所示。

项目面板

素材预览

查找素材

流程图

素材

新建文件夹

解释素材

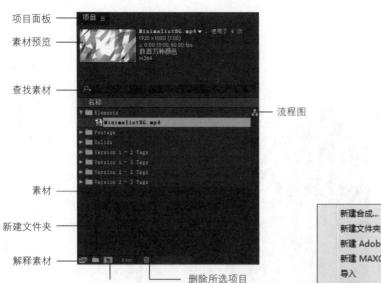

新建合成

删除所选项目

图4-4 项目面板

新建合成...

新建文件夹

新建 Adobe Photoshop 文件...

新建 MAXON CINEMA 4D 文件...

导入

导入最近的素材

图4-5 右键弹出菜单

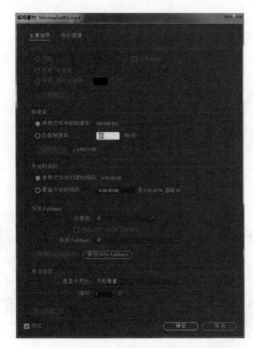

图4-6 解释素材面板

新建文件夹按钮，位于项目面板左下角第二个，它的功能是建立一个文件夹，用于管理项目面板的素材，用户可以把同一个类型的素材放入一个文件夹中。

新建合成按钮，用于建立一个新的合成，单击该按钮将弹出合成设置对话框，如图4-7所示。

图4-7　合成设置

删除所有项目按钮，用于删除项目中所选定的素材。

流程图按钮，在项目面板的右边，可以快速打开流程图面板，如图4-8所示。

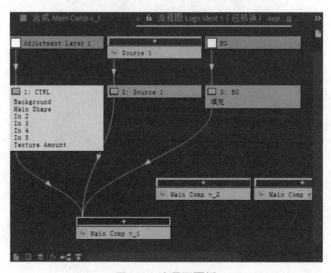

图4-8　流程图面板

4.1.3 合成面板

合成面板主要用于对视频进行可视化编辑，我们对视频做的所有修改，都将在该面板显示出来，显示内容是最终渲染效果的最主要的参考依据。

合成面板还可以显示各个层的效果，而且通过合成面板可以对层做直观地调整，包括移动、旋转和缩放等，对层的所有滤镜都可以在合成面板中显示出来，如图4-9所示。

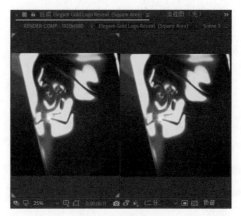

图4-9 合成面板

始终预览此视图按钮，主要用于控制和查看该面板。

该按钮用来控制合成的缩放比例，单击这个按钮将弹出一个下拉菜单，可以从中选择需要的比例大小，如图4-10所示。

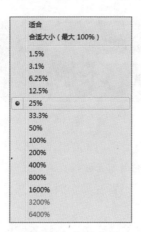

图4-10 缩放比例

安全区域按钮，因为我们在计算机上所编辑的视频在电视上播出时会将边缘切除一部分，这样就需要安全区域，只要把图像的元素放置在安全区域中，就不会被裁掉。这个按钮可以用来显示或隐藏网格、参考线、标尺等，如图4-11所示。

图4-11　安全区域设置

标题/动作安全：用于显示或者隐藏安全线。

对称网格：显示或隐藏成比例的网格。

网格：显示或者隐藏网格。

参考线：显示或隐藏参考线。

标尺：显示或者隐藏标尺。

3D参考轴：显示或者隐藏3D参考轴。

这个按钮用于显示或者隐藏遮罩的显示状态。

0:00:49:06 这个按钮显示的是合成的当前时间，如果单击这个按钮，会弹出转到时间对话框，可以输入精准的时间，如图4-12所示。

图4-12　转到时间对话框

快照按钮，用于暂时保存当前时间的图像，以便在更改后进行对比，暂存的图像只会保存在内存中，并且只能暂存一张快照。

这个按钮用于显示快照，不管在哪个时间，只要按住这个按钮就可以显示最后一张快照的图像。

通道按钮，单击它会弹出下拉菜单，选择不同的通道模式，显示区就会显示出这种通道效果，从而检查图像的各种通道信息。

完整 ∨ 在这个按钮可以选择以哪种分辨率显示图像，下拉菜单如图4-13所示。

▣ 该按钮可以在显示区域自定义一个矩形的区域，只有在该区域中的图像才能显示出来，它可以加速影片的预览速度，并只显示需要看到的区域。

▨ 该按钮可以打开棋盘格透明背景，默认的情况下，背景色为黑色。

活动摄像机 ∨ 在建立了摄像机并打开了3D图层时，可以通过这个按钮来进入不同摄像机视图，它的下拉菜单如图4-14所示。

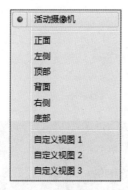

图4-13　分辨率　　　　　图4-14　摄像机选择

1个_ 该按钮可以使合成面板显示多个视图，单击该按钮弹出下拉菜单，如图4-15所示。

▤ 该按钮有像素校正功能，在启用这个按钮时素材的图像会被压扁或者拉伸，从而校正图像中非正方形的像素。它不会影响合成影像或者素材文件中的正方形像素。

▣ 动态预览按钮，单击该按钮会弹出下拉菜单，可以选择不同的动态加速预览选项，如图4-16所示。

图4-15　视图显示　　　　　图4-16　动态预览按钮

该按钮可以打开时间轴面板。

该按钮可以打开流程图面板。

该按钮可以调整素材在当前窗口的曝光度。

4.1.4　时间轴面板

时间轴面板是用来编辑素材的最主要的面板，其主要功能有管理层的顺序、设置关键帧等。大部分关键帧特效都可以在这里完成，如素材时间的长短、整个影片的位置等，都在该面板中显示。特效应用的效果也会在该面板中得到控制，所以说时间轴面板是在AE中组织各个合成图像或者场景元素的最重要的工作面板，如图4-17所示。

图4-17　时间轴面板

这里显示的是合成面板中指针所在的时间位置。

在时间轴面板查找素材。

打开迷你合成微型流程图面板。

该按钮用来控制是否显示草图3D功能。

该按钮用于显示或者隐藏时间轴面板中处于"消隐"状态的图层。

帧混合按钮，用于控制是否在图像刷新时启用"帧混合"效果。

运动模糊按钮，用于在合成面板中控制运动模糊的效果，在素材中单击运动模糊按钮，就给图层添加了运动模糊，用来模拟摄像机中使用长胶片曝光的效果。

通过该按钮可以快速地进入曲线编辑面板，在这里可以方便地对关键帧进行属性操作，如图4-18所示。

图4-18　曲线编辑面板

自动关键帧按钮，在按钮激活时，如果修改图层属性可以自动记录并建立关键帧。

该按钮可以打开或者关闭图层开关面板。

该按钮可以打开或关闭"模式"。

该按钮可以打开或关闭入、出、持续时间、伸缩面板，时间伸缩最主要的功能是对图层进行时间反转，产生条纹效果。

用于缩放时间轴。

该按钮可以控制素材在合成面板中显示或者隐藏。

该按钮可以控制音频素材在预览或者渲染时是否起作用。

该按钮用于控制素材是否单独显示。

该按钮用来锁定素材，锁定的素材是不能进行编辑的。

标签面板，该面板显示素材的标签颜色。

这个面板显示的是素材在合成中的编号。

时间轴面板是AE初学者必须要了解的内容，掌握这些知识点能够使工作事半功倍。

4.1.5　预览面板和效果面板

预览面板的主要功能是控制素材的播放方式，用户可以使用RAM方式预览，使画面变得更加流畅，但一定要保证有很大的内存作为支持，如图4-19所示。

对合成面板中的合成效果进行动画预览。

使时间指针指向下一帧或上一帧。

可以使时间指针调至开始或者结束的位置。

声音开关。

播放动画方式，可以切换只播放一次、循环播放和巡回播放。

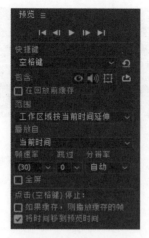

图4-19　预览面板

预览面板主要用来对动画预览进行设置。

帧速率：设置每秒播放的帧数。

跳过：可以设置存储预览时跳跃多少帧存储一次，默认是0，也就是每秒都存储。

分辨率：用来设置存储预览的画面质量。

全屏：勾选之后就可以全屏预览效果。

效果和预设面板中包括了所有的滤镜效果，如果给某层添加滤镜效果，可以直接在这里使用，和效果菜单的滤镜相同。效果和预设面板为我们提供了上百种滤镜效果，通过滤镜能对原始素材进行各种方式的变换调整，创造出满意的特效，如图4-20所示。

图4-20　效果和预设

以上我们介绍了AE中常用的面板，在一般情况下，我们不会一次使用所有面板中的命令，而且同时打开所有的面板会使屏幕非常拥挤，可以合理地安排面板的位置，也可以通过在菜单栏执行"窗口" > "工作区" > "标准"命令，恢复默认的窗口。通过对AE软件面板的认识，能让我们在后面的学习中更好地使用该软件。

4.2　主图视频（钱包动画）

主图视频可以同时在PC端和手机端展示，视频时间提升至60秒。

> **提示：**
>
> 主图视频制作要求如下：
> 1. 原PC端主图视频发布，可同时在手机端主图视频展现，无需分开发布。
> 2. 时长≤60秒，建议9～30秒视频可优先在猜你喜欢、有好货等推荐频道展现。
> 3. 尺寸建议1:1，有利于提升买家在主图位置的视频观看体验。
> 4. 内容：突出商品1～2个核心卖点，不建议使用电子相册式的图片翻页视频。

下面我们来学习钱包的短视频动画，这是之前拍摄好的素材，2个视频和5张图片素材，如图4-21所示。

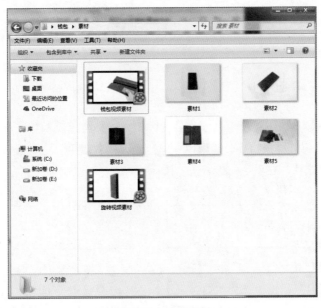

图4-21　拍摄素材

动画表现镜头，如图4-22所示。

图4-22　动画表现镜头

4.2.1　图片动画

下面我们来学习用4张素材图片制作动画效果。AE软件没有剪辑工具，我们学习使用拆分图层的命令，将一段素材拆分为两段，以达到剪辑的效果。

（1）打开AE软件，在项目面板右击，执行"导入"＞"文件…"命令，弹出文件夹选项框，框选素材，然后导入，如图4-23所示。

> **提示**：导入素材时，我们不需要勾选序列图片。

（2）在菜单栏执行"合成"＞"新建合成"命令，弹出合成设置窗口，在合成名称中输入"镜头动画1"，预设选择"自定义"，不勾选"锁定长宽比为1:1（1.00）"，宽度和高度修改为"800px"，持续时间设置为"00:00:20:00"，单击"确定"按钮，创建第一个合成，如图4-24所示。

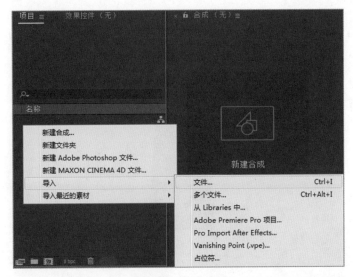

图4-23 导入素材

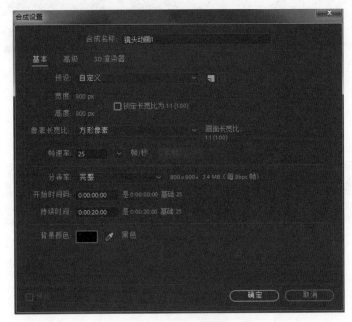

图4-24 合成设置

（3）将素材1拖曳到时间轴面板，选择素材1层，按快捷键S，弹出"缩放"属性，将缩放参数调整为"50.0"，这样在合成面板中可以将整个图片显示出来。

（4）制作20秒的图片动画，一共有4张素材，那么每张素材的动画时间是5秒，这里我们将时间拖曳到5秒处，在菜单栏执行"编辑">"拆分图层"命令，将素材1层拆分为2个图层，如图4-25所示。

图4-25　时间轴和合成面板

（5）一个图层（图层2）是时间为1秒到5秒的动画，另一个图层（图层1）是时间为5秒到20秒的动画。我们将图层1选中，按Delete键删除，时间轴上面就只有一个图层，如图4-27所示。

图4-27　时间轴1

提示：#表示编号，每个图层前面都有个编号，最上面的一个编号是1，我们可以称作为图层1，下面的图层按编号顺序排列。

（6）将素材2拖曳到时间轴上面，将素材2层的轨道拖曳到5秒的位置，这样素材2的播放时间从第5秒开始，如图4-28所示。

图4-28　时间轴2

（7）将素材3拖曳到时间轴上面，将素材3层的轨道拖曳到10秒的位置，这样素材3的播放时间从第10秒开始，如图4-29所示。

图4-29　时间轴3

（8）将时间移动到15秒，选择素材3层，在菜单栏执行"编辑">"拆分图层"命令，将素材3层拆分成2个层，将时间为15秒到20秒的层删除。

（9）将素材4层拖曳到时间轴上面，将素材4层的轨道拖曳到15秒的位置，这样素材4的播放时间从第15秒开始，如图4-30所示。

图4-30　时间轴4

至此，就完成了图片的顺序动画，按空格键就可以播放动画，可以看到4张素材图片按顺序进行切换。

4.2.2　关键帧动画

下面我们学习使用AE软件制作关键帧动画，我们对上面的4个素材层分别制作动画效果。

1. 制作"素材1"动画

（1）选择素材1层，单击编号前的 ▶ 三角形，展开属性，如图4-31所示。

（2）在素材1层上选择属性，将时间移动到开始的第0帧，将缩放参数设为"53.0"，单击"缩放"前的切换动画按钮，这样就可以添加关键帧，如图4-32所示。

（3）将时间移动到00:00:04:20帧处，将缩放参数设为"57.0"，就可以自添加关键帧，这样就制作了"素材1"的缩放动画，如图4-33所示。

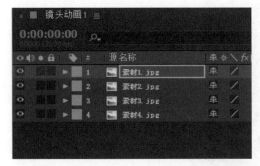

图4-31　展开属性

图4-32　添加关键帧

图4-33　自动关键帧

2. 制作"素材2"动画

（1）选择素材2层，按快捷键P展开其位置属性，如图4-34所示。

图4-34 展开位置属性

（2）在第5秒处，单击"位置"前面的切换动画按钮记录关键帧，位置参数设置为"109.0"和"392.0"，即从左侧开始一段。将时间移动到第10秒处，位置参数设置为"308.0"和"385.0"，即移动到终点位置，如图4-35所示。

图4-35 位置动画

（3）选择素材2层，按快捷键S键展开其缩放属性，在第5秒处，单击"缩放"前面的切换动画按钮记录关键帧，位置参数设置为"88.0"和"88.0"，即从左侧开始缩放。将时间移动到第10秒处，缩放参数调整为"59.0"，即缩放到终点位置，如图4-36所示。

图4-36 缩放动画

按空格键进行实时预览，可以看到钱包在以均匀的速度移动。

3. 制作"素材3"动画

（1）选择素材3层，按快捷键P展开其位置属性，位置参数设置为"298.0"和"395.0"，如图4-37所示。

（2）选择"素材3"层，按快捷键S展开其"缩放"属性，在第10秒处，单击"缩放"前面的切换动画按钮记录关键帧，位置参数设置为"57.0"，即开始缩放。将时间移动到第15秒处，缩放参数调整为"47.0"，即缩放到终点位置，如图4-38所示。

图4-37 位置动画1

图4-38 位置动画2

4．制作"素材4"动画

（1）选择素材4层，按快捷键S展开其缩放属性，缩放参数设置为"52.0"，如图4-39所示。

图4-39　展开缩放属性

（2）选择素材4层，按快捷键P展开其位置属性，在第15秒处，单击"位置"前面的切换动画按钮记录关键帧，位置参数设置为"262.0"和"376.0"，即开始位置。将时间移动到第20秒处，位置参数调整为"397.0"和"369.0"，即终点位置，如图4-40所示。

按空格键预览动画，此时在合成面板中，可以看到4张素材按顺序进行播放，且每张素材都有动画效果。至此，我们就完成了第一个镜头的图片动画效果。

图4-40　位置动画

4.2.3　文字动画

下面我们来给第一个镜头添加文字，制作文字动画。

1. 文字动画1

（1）在时间轴面板，右击并选择"新建"＞"文本"，新建一个文本层，如图4-41所示。

图4-41　新建文本

（2）在字符面板，字体选择为"微软雅黑"，字体大小设为57像素，在合成面板输入文字"高档牛皮　长款钱包"。使用移动工具，将文本移动到画面右下角，如图4-42所示。

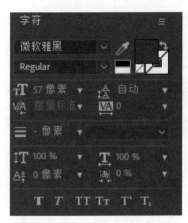

图4-42　文字属性

（3）将鼠标光标移动到文字图层的时间轴上，在最右边单击时间轨道的边缘，按鼠标左键可以拖曳时间轨道，我们将其拖曳到4秒的位置，这样也起到剪辑的作用，如图4-43所示。

图4-43　文字图层

（4）下面制作文字动画，单击三角形展开属性，在展开的文本属性中，右侧的"动画"选择"位置"，这样就添加了一个位置动画属性"动画制作工具1"，如图4-44所示。

图4-44　添加动画

（5）展开"动画制作工具1"，将位置参数修改为"540.0"和"0.0"，这样文字将移动到合成面板外面，如图4-45所示。

图4-45　调整位置

（6）展开"范围选择器1"，在第0秒处，单击"偏移"前面的切换动画按钮记录关键帧，偏移参数设置为"0％"，即开始位置，如图4-46所示。

图4-46　调整偏移

（7）将时间移动到0:00:03:23帧处，偏移参数设置为"100％"，即文字位置偏移到画面中，如图4-47所示。

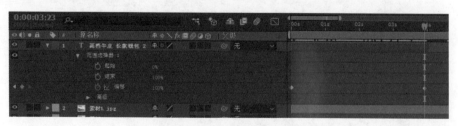

图4-47　文字关键帧

按空格键播放，可以看到文字从外面偏移到合成面板中。

2. 文字动画2

（1）在时间轴面板，右击并选择"新建"＞"文本"，新建一个文本层，在字符面板，字体选择为"微软雅黑"，字体大小设为57像素，在合成面板输入文字"简约设计 品味潮流"。单击移动工具，将文本移动到画面右下角，如图4-48所示。

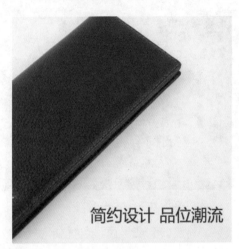

图4-48 添加文字

（2）将鼠标光标移动到文字图层的时间轴上，在最左边单击时间轨道的边缘，按鼠标左键可以拖曳时间轨道，我们将其拖曳到5秒的位置；在最右边单击时间轨道的边缘，按鼠标左键可以拖曳时间轨道，我们将其拖曳到9秒的位置。这样就剪辑了文字图层，如图4-49所示。

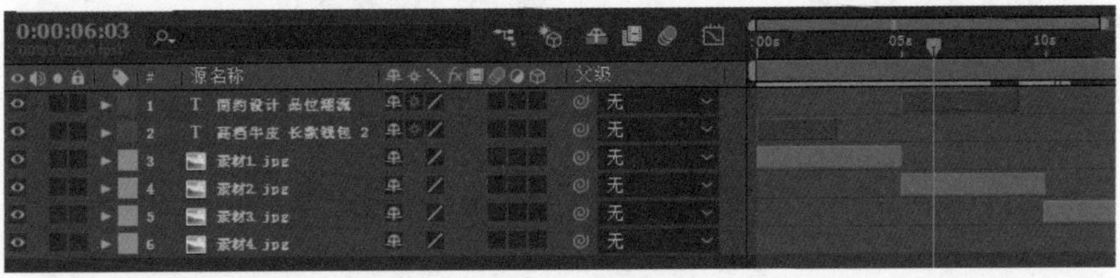

图4-49 文字层

（3）选择文字图层，将时间移动到5秒处，在菜单栏执行"动画"＞"浏览预设"命令，打开预设面板，在面板中打开Text文件夹，Text文件夹里有很多文字动画效果，我们打开Scale文件夹，如图4-50所示。

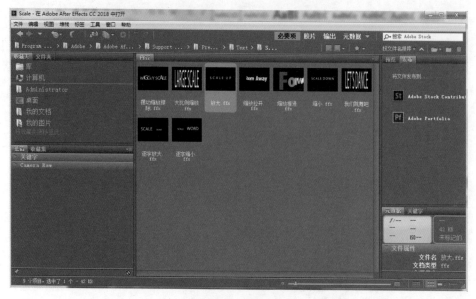

图4-50　浏览预设

（4）双击"放大"效果，将跳转到AE界面，这样就把放大效果添加到文字图层，按空格键播放，将看到文字放大动画效果，如图4-51所示。

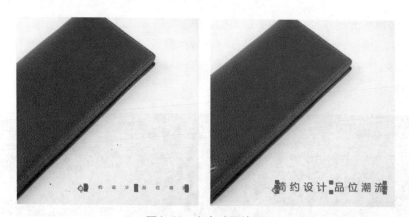

图4-51　文字动画效果

我们这里是通过动画预设直接给文字添加动画效果的。

（5）选择文字层，按快捷键U，显示动画关键帧，我们可以拖曳关键帧来控制动画播放的时间，如图4-52所示。

图4-52 调整关键帧

3. 文字动画3

（1）在时间轴面板，右击并选择"新建"＞"文本"，新建一个文本层，在字符面板，字体选择为"微软雅黑"，字体大小设为57像素，在合成面板输入文字"考究做工品质如一"。单击移动工具，将文本移动到画面右下角，如图4-53所示。

图4-53 新建文字

（2）将鼠标光标移动到文字图层的时间轴上，在最左边单击时间轨道的边缘，按鼠标左键可以拖曳时间轨道，我们将其拖曳到10秒的位置；在最右边单击时间轨道的边缘，按鼠标左键可以拖曳时间轨道，我们将其拖曳到14秒的位置。这样就剪辑了文字图层，如图4-54所示。

图4-54 拖曳图层

（3）选择文字层，将时间移动到10秒处，在菜单栏执行"动画">"浏览预设"命令，打开预设面板，在面板中打开Text文件夹，Text文件夹里有很多文字动画效果，我们打开Scale文件夹，如图4-55所示。

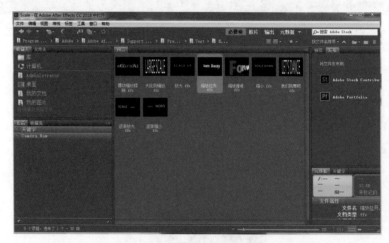

图4-55　浏览器预设

（4）选择"缩放拉开"效果，双击应用到文字图层上，按快捷键U，显示动画关键帧。将后面一个关键帧向后移动，这样就延长了动画的播放时间，如图4-56所示。

图4-56　调整关键帧

（5）按空格键可以预览动画播放效果，如图4-57所示。

图4-57　播放效果

4. 文字动画4

（1）在时间轴面板，右击并选择"新建"＞"文本"，新建一个文本层，在字符面板，字体选择为"微软雅黑"，字体大小设为57像素，在合成面板输入文字"多卡位　大钞位　随意装"。单击移动工具，将文本移动到画面右下角，如图4-58所示。

（2）将鼠标光标移动到文字图层的时间轴上，在最左边单击时间轨道的边缘，按鼠标左键可以拖曳时间轨道，我们将其拖曳到15秒的位置，这样就剪辑了文字图层，如图4-59所示。

多卡位 大钞位 随意装

图4-58　新建文字

图4-59　调整时间轴

（3）选择文字层，将时间移动到15秒处，在菜单栏执行"动画"＞"浏览预设"命令，打开预设面板，在面板中打开Text文件夹，Text文件夹里有很多文字动画效果。打开Scale文件夹，选择"摆动缩放擦除"效果，双击应用到文字图层上，如图4-60所示。

图4-60　应用效果

至此，就完成了文字动画效果，单击文件菜单栏的"保存"命令，设置保存名称为"钱包视频制作"。

4.2.4 图片动画制作

下面我们制作最后一个镜头的动画效果。

（1）新建合成，合成名称改为"图片镜头4"，宽度和高度设为800px，持续时间设为0:00:05:00，如图4-61所示。

图4-61 合成设置

（2）单击"确定"按钮，完成合成的新建，将素材5拖曳到时间轴，按快捷键S缩放图片大小，如图4-62所示。

图4-62 展开属性

（3）制作图片缩放动画，将时间移动到开始处，单击"缩放"前面的切换动画按钮记录关键帧，旋转参数设置为"20.0"，这里是钱包开始缩放的时间。

（4）将移动时间到4秒，缩放参数设置为"25.0"，这样就完成了图片缩放动画。

（5）在时间轴右击并执行"新建">"文本"命令，新建文本图层，在合成面板输入文字"15天包退承诺"，如图4-63所示。

图4-63 新建文本

（6）将时间轴拖曳到2秒20帧，如图4-64所示。

图4-64 时间轴调整

（7）在菜单栏执行"动画">"浏览预设"命令，打开Text文件夹，再选择Blurs文件夹，如图4-65所示。

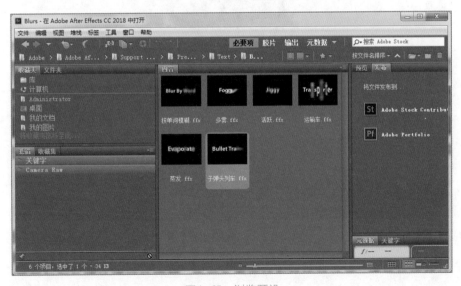

图4-65 浏览预设

（8）双击"子弹头列车"，将效果运用到文字图层，按空格键播放动画，如图4-66所示。

图4-66　播放效果

（9）用同样的方法制作另外一个效果，在时间轴右击并执行"新建">"文本"命令，新建文本图层，在合成面板输入文字"让您购物无后顾之忧"，如图4-67所示。

图4-67　新建文本

（10）单击鼠标左键将时间层拖曳到3秒位置，如图4-68所示。

图4-68　调整关键帧

（11）在菜单栏执行"动画">"浏览预设"命令，打开Text文件夹，选择Blurs文件夹，双击"子弹头列车"，将效果运用到文字图层，按空格键播放动画，如图4-69所示。

图4-69　播放效果

至此，就完成了镜头5的图片动画。

4.2.5　视频动画处理

下面我们对拍摄的视频进行处理。

1. 旋转视频素材处理

本节将学习如何处理拍摄好的视频，我们先来看钱包的旋转动画，在播放的视频中，钱包有倾斜效果，如图4-70所示。

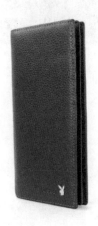 

图4-70　旋转动画

我们可以通过旋转属性来改变角度，下面来学习如何解决旋转动画倾斜效果。

（1）这段视频的拍摄时间为32秒，在菜单栏执行"合成">"新建合成"命令，合成名称改为"旋转镜头"，宽度和高度设为800px，持续时间设为0:00:32:00，如图4-71所示。

图4-71　合成设置

（2）单击"确定"按钮，创建了合成，将旋转视频素材拖曳到合成中，拖曳进去的素材比较大，按快捷键S，将缩放参数设置为"81.0"，如图4-72所示。

图4-72　修改缩放属性

（3）将时间移动到0:00:16:11，选择"旋转视频素材"层，按快捷键R，显示的是旋转属性，单击"旋转"前面的切换动画按钮记录关键帧，旋转参数设置为（0x,-0.0），这里是钱包开始倾斜的时间。

（4）将时间移动到0:00:19:17，旋转参数设置为（0x,-3.0），这里把钱包旋转调正。

（5）将时间移动到0:00:26:06，单击"旋转"前面的"添加关键帧"，将自动添加一个关键帧，如图4-73所示。

图4-73　添加旋转关键帧

（6）将时间移动到0:00:29:17，旋转参数设置为（0x,-1.0），这样就完成了旋转视频素材的调整。

2. 手拿钱包视频素材处理

下面学习制作手拿钱包视频，这段视频的拍摄时间为32秒，我们需要将视频处理成快速播放，将时间缩短到10秒，如图4-74所示。

图4-74　拍摄素材

（1）新建合成，合成名称改为"钱包合成"，宽度和高度设为800px，持续时间设为0:00:32:00，如图4-75所示。

图4-75　合成设置

（2）将"钱包视频素材"拖曳到合成窗口，选择视频层，将钱包视频素材移动到合适的位置，钱包在合成窗口显示。按快捷键S，缩放参数设置为"74.0"，如图4-76所示。

图4-76　缩放属性

（3）选择素材层，在菜单栏执行"图层"＞"时间"＞"时间伸缩"命令，弹出"时间伸缩"对话框，单击"拉伸因数"后面的数字，然后输入30，这样就把时间缩短到10秒4帧，如图4-77所示。

图4-77　时间伸缩

（4）缩放后的时间轴，如图4-78所示。

图4-78 缩放面板

（5）按下空格键，可以看到视频在加速播放，下面我们将前面一部分调整为加速效果，后面一部分调整为减速效果。选择素材层，在菜单栏执行"图层">"时间">"启用时间映射"命令，在时间轴加上时间映射关键帧，如图4-79所示。

图4-79 启用时间映射

（6）将时间移动到8秒15帧，单击"在当前时间添加或移除关键帧"，就可以在这里自动添加关键帧，如图4-80所示。

图4-80 添加关键帧

（7）将时间移动到31秒24帧，选择这个关键帧，向前面移动到6秒05帧位置，这样关键帧前面为加速播放，后面为减速播放，如图4-81所示。

图4-81 调整关键帧

（8）现在合成时间为32秒，我们将合成设置修改为10秒，在菜单栏执行"合成">"合成设置"命令，弹出合成设置对话框，在持续时间输入1000，这样就是把时间修改为10秒，如图4-82所示。

图4-82 合成设置

单击"确定"按钮，完成合成设置。至此，就完成了合成时间的修改。

4.3 镜头合成

下面我们将这些制作好的镜头合成在一个镜头里。

（1）单击"新建合成"，名称改为"最终合成"，时间设为55秒。

（2）将旋转镜头拖曳到时间轴，将时间移动到0:00:03:19，在菜单栏执行"编辑">"拆分图层"命令，将旋转镜头拆分成2个图层，如图4-83所示。

图4-83 拆分图层

（3）将第一个图层的开始时间移动到0:00:23:10，如图4-84所示。

图4-84 移动时间轴

（4）在菜单栏执行"图层">"时间">"启用时间映射"命令，如图4-85所示。

图4-85 启动时间映射

（5）将时间移动到0:00:23:10，将第一个关键帧移动到这个时间点；再将时间移动到0:00:39:20，将后面的关键帧移动到这个时间点，如图4-86所示。

图4-86 时间设置

（6）将"镜头动画1"拖曳到时间轴，将开始时间移动到0:00:03:19，如图4-87所示。

图4-87 移动时间

（7）将"合成镜头3"拖曳到时间轴，将开始时间移动到0:00:39:22，如图4-88所示。

图4-88　移动关键帧

（8）将图片镜头4拖曳到时间轴，将开始时间移动到0:00:49:22，如图4-89所示。

图4-89　时间轴设置

这样就完成了镜头的合成。将"音频素材"拖曳到时间轴，至此，就完整了视频合成的制作。单击文件菜单的"保存"命令，保存文件。

4.4 渲染视频

下面我们学习将制作好的视频进行渲染。

（1）在菜单栏执行"合成">"添加到渲染队列"命令，打开渲染队列面板，如图4-90所示。

图4-90 打开渲染队列面板

（2）单击"渲染设置"，弹出"渲染设置"对话框，可以设置品质和分辨率，品质设为"最佳"，如图4-91所示。

图4-91 渲染设置

（3）单击"确定"按钮，完成渲染设置。

（4）单击"无损"按钮，弹出"输出模块设置"对话框，文件格式可以选择QuickTime，下面选择"自动音频输出"，如图4-92所示。

图4-92　输出模块设置

（5）单击"确定"按钮，完成输出模块设置。

（6）单击"输出到"后面的"最终合成"，可以保存视频的输出位置和修改保存的文件名称，如图4-93所示。

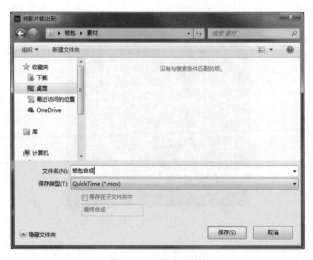

图4-93　保存文件

（7）单击"保存"按钮，完成渲染队列的设置。

（8）单击"渲染"按钮，开始对合成进行渲染，如图4-94所示。

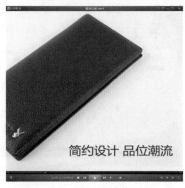

图4-94　渲染动画

（9）渲染完成之后可以打开视频，最终效果如图4-95所示。

图4-95　最终效果

4.5　压缩视频

我们先来看渲染好的视频文件，选择文件，右击并选择"属性"，文件大小为1.14GB，如图4-96所示。

图4-96　文件属性

（1）我们先安装一个格式工厂软件，打开格式工厂网址http://www.pcfreetime.com/，下载格式工厂软件，然后进行安装即可，安装好的界面如图4-97所示。

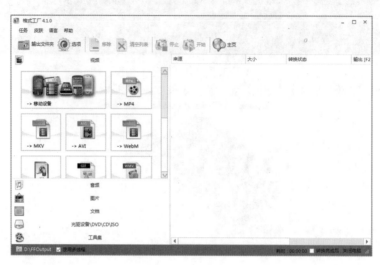

图4-97　格式工厂

（2）将视频文件拖曳到格式工厂，弹出设置界面，选择MP4格式，如图4-98所示。

图4-98　设置界面

（3）单击"配置"按钮，弹出选项框，左侧可以选择设备，右侧会显示它的配置，在这里可以进行修改，一般选默认的即可，如图4-99所示。

图4-99　预设配置

（4）单击"确定"按钮，回到导入视频界面，如图4-100所示。

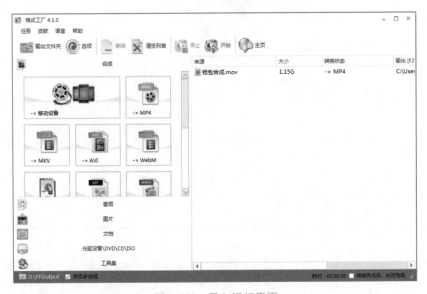

图4-100　导入视频界面

（5）单击"开始"按钮，进行渲染视频。单击鼠标右键并选择"打开输出文件夹"，可以查看导出后的文件，视频文件非常小，如图4-101所示。

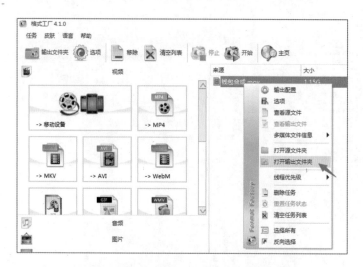

图4-101　打开视频文件夹

至此，就完成了视频的压缩，大家要掌握这些使用方法，达到举一反三的效果。

4.6　短视频片头

本节将制作一个短视频片头，时间为5秒。本案例使用关键帧动画、合成嵌套、父子关系、摄像机、灯光、3D层功能，视频片头效果预览如图4-102所示。

图4-102 视频片头效果

4.6.1 制作LOGO动画

（1）打开AE软件，导入素材。

（2）新建合成，打开"合成设置"对话框，将合成名称改为"冰豹时代片头"，预色选择为"HDV/HDTV 720 25"，持续时间设为0:00:05:00，单击"确定"按钮，建立新合成，如图4-103所示。

> 提示：这里选择的是标清尺寸。

（3）在时间轴面板上右击并选择"新建">"文本"，在属性栏，颜色设置为灰色，在合成面板中输入文本"冰豹时代"，如图4-104所示。

图4-103　合成设置

图4-104　输入文本

（4）选择文字图层，在图层右击并选择"预合成"，弹出"预合成"面板，在"新合成名称"中输入"文字合成"，选择"将所有属性移动到新合成"，如图4-105所示。

图4-105　预合成

（5）在时间轴面板，文字合成效果如图4-106所示。

图4-106 时间轴面板

（6）将项目面板中的LOGO素材拖曳到时间轴，选择LOGO素材层，右击并选择"预合成"，名称改为"LOGO合成"，如图4-107所示。

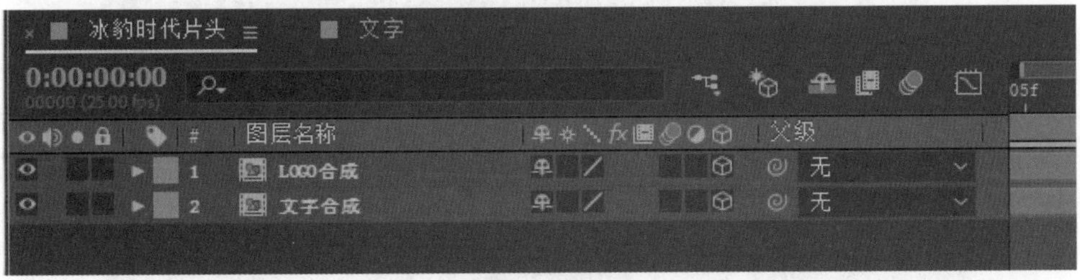

图4-107 时间轴设置

（7）双击打开LOGO合成，进入LOGO合成时间轴面板，选择LOGO层，按快捷键Ctrl+D，复制LOGO层，将项目面板中的"ReflectionMap.jpg"拖曳到时间轴，如图4-108所示。

图4-108 复制LOGO层

（8）选择"ReflectionMap.jpg"图层，执行"效果"＞"颜色校正"＞"曲线"命令，添加特效"曲线"，将曲线进行调整，调整后的图片如图4-109所示。

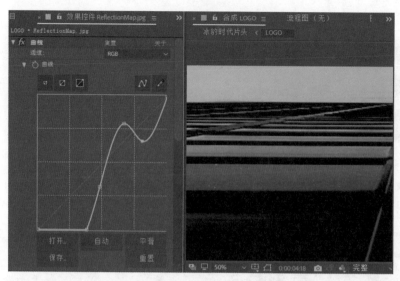

图4-109　曲线调整

（9）再添加一个"曲线"效果，进行调整，如图4-110所示。

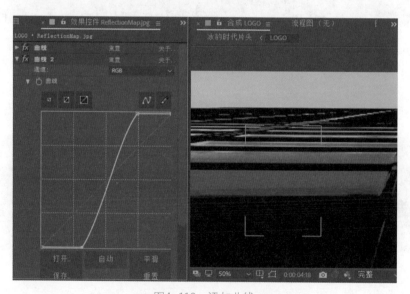

图4-110　添加曲线

（10）单击效果，执行"过时的"＞"快速模糊"命令，添加一个"快速模糊"效果，模糊度调整为"9.0"，如图4-111所示。

图4-111　快速模糊

（11）选择"反射素材"层，选择缩放属性，按快捷键S，将图片放大，选择中间的图层，在TrkMat中选择"亮度"罩遮，如图4-112所示。

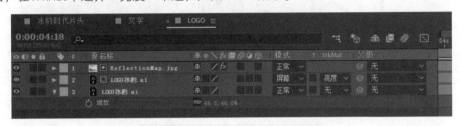

图4-112　选择"亮度"遮罩

（12）回到合成时间轴，将光效素材拖曳到时间轴，按快捷键S，将光效素材缩放到合适的大小，缩放参数设为"25.0"，光效图层后面的"父级"选择"2.LOGO合成"，如图4-113所示。

图4-113　父子关系

（13）在时间轴面板右击并选择"新建空对象"，名称改为"文字动画"，这个层用于控制文字的动画效果。选择"文字合成"，在后面的父级选择"1.文字动画"层，这样，当我们调整文字动画层时，下面的文字合成效果会跟着变化，将所有图层后面的3D（立方体图标）打开，如图4-114所示。

图4-114　打开3D

（14）调整空对象的边框，和文字大小对应，选择"向后平移工具"，将空对象的中心移动到文字的中心，如图4-115所示。

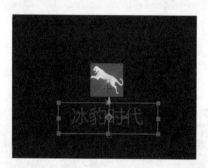

图4-115　向后平移工具

（15）调整文字动画效果，选择"文字动画"层，按快捷键P，显示"位置属性"，在第1秒14帧时打开其前面的切换动画，为其设置位置动画，设置参数为（647.0，545.0，0.0），在第2秒08帧时将参数调整为（647.0，470.0，0.0），这里我们设置的是文字上下位移的动画。框选两个关键帧，右击并选择"关键帧辅助"＞"缓动"，这样关键帧就变成了缓动，如图4-116所示。

（16）选择文字动画层，按快捷键S，在第0秒16帧时打开其前面的切换动画，为其设置位置动画，设置参数为（33.0，33.0，33.0），在第1秒14帧时将参数调整为（100.0，100.0，100.0），这里我们设置的是文字缩放的动画。框选两个关键帧，右击并选择"关键帧辅助"＞"缓动"，这样关键帧就变成了缓动效果。

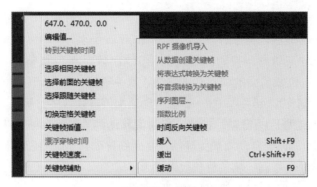

图4-116 缓动

（17）选择文字动画层，展开变化属性，选择*X*轴旋转，用于设置旋转动画，在第0秒16帧时打开其前面的切换动画，为其设置位置动画，设置参数为（−1X，+0.0°），在第2秒00帧时将参数调整为（0x,+0.0°），这里我们设置文字*X*轴的旋转动画。框选两个关键帧，右击并选择"关键帧辅助" > "缓动"，这样关键帧就变成了缓动。

（18）选择"文字合成"层，按快捷键T，展开不透明度，按Alt键，单击切换动画，弹出表达式，单击表达式关联器，拖曳到文字动画层，这样文字合成层的透明效果由上面的文字动画层的透明效果决定，如图4-117所示。

图4-117 不透明度设置

（19）选择文字动画层，按快捷键T，用于设置旋转动画，在第0秒14帧时打开其前面的切换动画，为其设置透明度动画，将参数设为0，在第0秒24帧时将参数调整为100，这里我们设置的是文字透明度的动画。

（20）新建一个"空对象"层，将名称命名为"LOGO动画"，将空对象移动到LOGO位置上，选择LOGO合成层，将它的父级选择为"LOGO动画层"。

（21）制作LOGO动画，将时间移动到第0秒14帧，将位置参数设置为（643.0，610.0，0.0）；单击位置前面的切换动画按钮设置关键帧，将时间移动到第0秒23帧，将位置参数设置为（643.0，467.4，0.0），会自动添加关键帧；将时间移动到第01秒02帧，单击"在当前添加或移除关键帧"按钮；将时间移动到第01秒19帧，将位置参数设置为（643.0，96.0，0.0），会自动添加关键帧；将时间移动到第01秒23帧，单击"在当前时间添加或移除关键帧"按钮；将位置参数设置为（643.0，325.0，0.0），会自动添加关键帧。这样就添加了自动关键帧，如图4-118所示。

图4-118　添加自动关键帧

（22）下面我们制作LOGO缩放动画，将时间移动到第0秒14帧，将缩放参数设置为（63.0，63.0，63.0），单击缩放前面的切换动画按钮设置关键帧；将时间移动到第1秒19帧，将缩放参数设置为（80.0，80.0，80.0）；将时间移动到第2秒08帧，将缩放参数设置为（100.0，100.0，100.0）；将时间移动到第2秒11帧，将缩放参数设置为（137.0，137.0，137.0）；将时间移动到第2秒11帧，将缩放参数设置为（137.0，137.0，137.0）；将时间移动到第2秒16帧，将缩放参数设置为（100.0，100.0，100.0），这样我们就完成了缩放动画效果。

（23）下面我们制作LOGO的Z轴旋转动画，将时间移动到第1秒05帧，将缩放参数设置为（0X，+0.0°），单击Z轴旋转前面的切换动画设置关键帧；将时间移动到第2秒21帧，将缩放参数设置为（0X，+34.0°）；将时间移动到第2秒08帧，将缩放参数设置为（0X，+0.0°），这样我们就完成了Z轴旋转动画效果。

（24）旋转"LOGO动画"层，按快捷键U，显示所有关键帧，框选LOGO动画层下面的关键帧，按缓动快捷键F9，效果如图4-119所示。

图4-119 缓动设置

4.6.2 制作背景和整体调色

下面学习制作片头背景和对整个视频进行调色。

（1）在时间轴面板右击并选择"新建"＞"纯色"，新建一个白色图层，将其拖曳到最下面，作为背景。

（2）选择背景层，在菜单栏执行"效果"＞"生成"＞"梯度渐变"命令，创建一个渐变效果，将渐变起点设置为（640.0，0.0），起始颜色设置为白色，将渐变终点设置为（654.0，836.0），结束颜色设置为浅灰色，如图4-120所示。

图4-120 添加渐变

（3）在时间轴面板右击并选择"新建"＞"摄像机"，弹出"摄像机设置"对话框，单击"确定"按钮，展开摄像机属性，调整摄像机位置的Z坐标属性，将整个镜头调整到合适的位置，如图4-121所示。

图4-121　调整位置

（4）在时间轴面板右击并选择"新建"＞"灯光"，弹出"灯光设置"对话框，单击"确定"按钮，灯光类型选择"点"光源，强度设置为"152%"，如图4-122所示。

图4-122　灯光设置

（5）调整画面整体色调，将素材"Flare Overlay.png"拖曳到时间轴，层模式修改为"滤色"，给素材层添加特效，在菜单栏执行"效果"＞"颜色校正"＞"三色调"命令，将高光颜色设置为白色，"中间调"设为淡蓝色，"阴影"设为黑色。

（6）在菜单栏执行"效果">"过时">"快速模糊（旧版）"命令，将模糊度设置为"18.0"。

（7）在菜单栏执行"效果">"杂色和颗粒">"杂色"命令，将杂色数量设置为"4.0%"，如图4-123所示。

图4-123　添加特效

（8）在菜单栏执行"效果">"颜色校正">"曲线"命令，提高颜色亮度，如图4-124所示。

（9）在时间轴面板右击并选择"新建">"调整图层"，创建一个调整图层，在菜单栏执行"效果">"模糊锐化">"锐化"命令，锐化量设置为100，如图4-125所示。

（10）将音频素材拖曳到时间轴，这样我们就完成了视频制作，按空格键播放视频，查看动画效果。

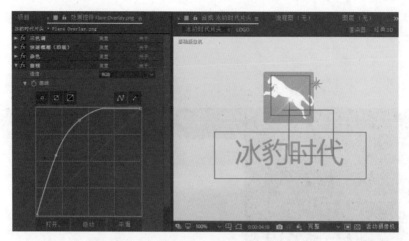

图4-124　调整曲线

图4-125　锐化

4.6.3　输出视频

（1）在菜单栏执行"合成"＞"添加到渲染队列"命令，弹出渲染队列面板，如图4-126所示。

图4-126　渲染队列面板

（2）单击渲染设置后的"最佳设置"，弹出渲染设置面板，这里可以调整视频质量，品质设置为"最佳"，分辨率设置为"完整"，设置好后单击"确定"按钮，如图4-127所示。

图4-127 渲染设置

（3）单击输出模块后的"无损"，弹出"输出模块设置"面板，这里可以调整视频尺寸和输出音频，格式选择"QuickTime"，下面选择"自动音频输出"，单击"确定"按钮，如图4-128所示。

图4-128 输出模块设置

（4）单击"输出到"，弹出"将影片输出到："对话框，在这里设置视频名称和视频保存的位置。单击"保存"按钮，如图4-129所示。

图4-129　保存文件

至此，我们就完成了片头视频的制作。

第5章

手表短视频制作

在本章中，我们通过将拍摄的素材和视频进行结合来制作手表宣传短视频，效果如图5-1所示。拍摄视频采用的是绿色背景，然后通过After Effects软件进行抠像，抠像之后和背景素材进行结合，制作一个视频合成，最后通过Premiere软件将视频和素材结合在一起。视频总时间为52秒，同时在制作过程中要挑选背景音乐。

图5-1　视频展示

5.1   抠像基础

一般情况下，选择蓝色或者绿色背景进行拍摄，模特首先在蓝色背景或者绿色背景下进行表演，如图5-2所示。然后我们将拍摄的素材数字化，并且使用抠像技术，将背景颜色变透明。After Effects产生一个Alpha通道识别图像中的透明度信息，最后与计算机制作的场景或者素材进行叠加合成。之所以使用这两种颜色，是因为人体大多不含这两种颜色。

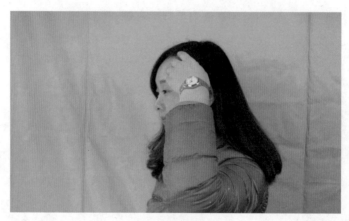

图5-2 绿色背景

除把拍摄的素材进行数字化外，一个功能强大的抠像工具也是达到完美抠像效果的先决条件。After Effect提供了最优质的技术，例如，集成在After Effects的Keylight，可以轻易地剔除影片中的背景，可以将阴影、半透明效果完美地再现出来。

下面我们通过一个实例，来学习After Effects的抠像方法，本节有3个素材需要进行抠像，我们使用Keylight进行抠像。

（1）打开Aftrer Effects软件，在项目窗口单击鼠标右键，执行"导入"＞"多个文件"命令，选择配套的素材文件。

（2）新建合成，合成名称设为"抠像镜头1"，宽度和高度设为800px，时间设为600，如图5-3所示。

（3）单击"确定"按钮，将素材"wtach01.Mp4"拖曳到时间轴，按快捷键S，打开缩放属性，将缩放参数修改为"76.0"，如图5-4所示。

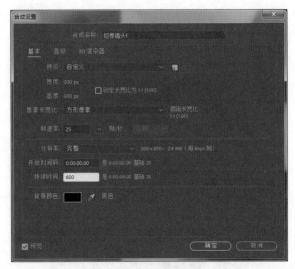

图5-3　合成设置

图5-4　抠像素材1

（4）选择时间轴上的"wtach01.Mp4"层，在菜单栏执行"效果">"键控">"Keylight"命令，为其添加抠像操作，如图5-5所示。

图5-5　Keylight抠像

（5）在"Screen Colour"栏选择滴管工具，单击合成面板中绿色部分，吸取键去颜色。

（6）在View下拉列表中选择"Screen Matte"，以遮罩的方式显示图像，这样有利于帮助我们查看抠像的细节效果，如图5-6所示。

图5-6　遮罩

提示：在键去绿色后产生的Alpha通道中，黑色表示透明区域，白色表示不透明区域，灰色则根据深浅表示半透明区域。

（7）观察抠像可以发现，人物轮廓的周围有些灰色，这些区域是完全透明的，所以还需要进一步调整参数。

（8）调高"Screen Gain"参数至115左右，该参数控制抠像时会有多少颜色被移除并产生遮罩，数值比较高时，会有更多的透明区域。"Screen Balance"控制色调的均衡，将其参数设置为45。

（9）展开"Screen Matte"，将Clip Black调整为"29.0"，Clip White调整为"84.0"，这样边缘就为黑色，人物调整为白色，在"View"窗口列表中选择"Final Result"，对比遮罩和最终效果，如图5-7所示。

图5-7　遮罩效果

（10）在"Screen Pre-bluy"栏设置一个较小的模糊值，可以使抠像的边缘产生柔化的效果，这样可以将前景和背景融合得更好一点。

（11）将"Screen Softness"设置为0.1，让边缘柔化一些，这样就完成了抠像。

（12）将"背景素材1.jpg"拖曳到时间轴上，如图5-8所示。

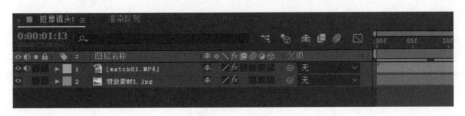

图5-8　时间轴

（13）在菜单栏执行"效果">"模糊">"高斯模糊"命令，"模糊度"调整为"20.0"。

（14）在菜单栏执行"效果">"颜色校正">"曲线"命令，在通道栏选择"红"通道，将曲线向上拖曳。再选择"蓝"通道，将蓝色曲线向上拖曳，这样就调整了背景颜色，如图5-9所示。

图5-9　曲线调色

本节学习了Keylight的使用方法，以及抠图后和背景的合成，下一节学习人像磨皮。

5.2　人像磨皮

接着上一节的项目合成，下面我们来学习人像磨皮。

（1）选择素材层，在菜单栏执行"效果">"杂色和颗粒">"移除颗粒"命令，如图5-10所示。

（2）查看模式选择"最终输出"，杂色深度减低参数调整为"4.00"，展开"锐化蒙版"，数量调整为"0.000"，如图5-11所示。

图5-10　移除颗粒

图5-11　移除颗粒最终输出

至此，就完成了人像磨皮。

5.3 视频抠像

下面学习对素材watch02和素材watch03的抠像。在项目窗口单击鼠标右键，选择"导入"＞"多个文件"，选择配套的素材文件。

1. 素材2抠像

（1）新建合成，合成名称设为"抠像镜头2"，宽度和高度设为800px，时间设为8秒。

（2）将"watch02.MP4"拖曳到时间轴，选择"watch02.MP4"层，按快捷键S，缩放参数设置为"75.0"，如图5-12所示。

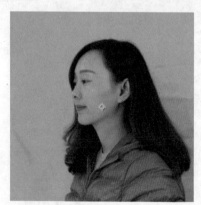

图5-12　素材2缩放

（3）选择时间轴上的层"wtach02.Mp4"，在菜单栏执行"效果"＞"键控"＞"Keylight"命令，为其添加抠像操作，在"Screen Colour"栏选择滴管工具 ，单击合成窗口中绿色部分，吸取键去颜色。

（4）在View下拉列表中选择"Screen Matte"，以遮罩的方式显示图像，展开"Screen Matte"栏，Clip Black调整为"13.0"，Clip White调整为"83.0"。

（5）在View窗口列表中选择"Final Result"，如图5-13所示。

图5-13 抠像窗口

（6）选择"watch02.MP4"层，在菜单栏执行"效果"＞"杂色和颗粒"＞"移除颗粒"命令，如图5-14所示。

图5-14 移除颗粒

（7）将"背景素材02.jpg"拖曳到时间轴，按快捷键S，展开缩放，缩放参数设为"176.0"，如图5-15所示。

图5-15　调整缩放

（8）在合成窗口移动图片到合适的位置，如图5-16所示。

图5-16　调整图片位置

至此，就完成了第2个镜头的视频抠像。

2. 素材3抠像

（1）新建合成，合成名称设为"抠像镜头3"，宽度和高度设为800px，时间设为18秒。

（2）将"watch03.MP4"拖曳到时间轴，按快捷键S，缩放参数设置为"76.0"，如图5-17所示。

图5-17 缩放素材

（3）选择时间轴上的层"Wtach03.MP4"，在菜单栏执行"效果">"键控">"Keylight"命令，为其添加抠像操作，在"Screen Colour"栏选择滴管工具，单击合成窗口中绿色部分，吸取键去颜色。

（4）在View下拉列表中选择"Screen Matte"，以遮罩的方式显示图像，展开"Screen Matte"栏，Clip Black调整为"17.00"，Clip White调整为"74.0"，在View窗口列表中选择"Final Result"，如图5-18所示。

图5-18　抠像

（5）将"背景素材03.jpg"拖曳到时间轴，按快捷键S，展开缩放，缩放参数设为"135.0"，如图5-19所示。

图5-19　调整缩放

（6）在合成窗口移动图片到合适的位置，如图5-20所示。

至此，我们就完成了三个素材的抠像，单击文件菜单"保存"，保存的文件名称设为"AE手表抠像"。

图5-20　调整背景图片

5.4　手表短视频合成

下面我们需要将抠图好的合成文件和拍摄图片结合在一起，制作手表短视频。

（1）打开Premiere软件，新建项目，名称设为"手表合成"，打开Pr软件工作界面。

（2）在项目面板，右击并选择"导入"，选择AE抠像合成文件"AE手表抠像"，弹出"导入After Effects合成"对话框，如图5-21所示。

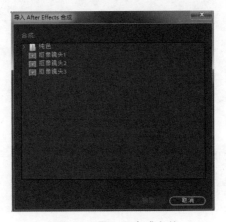

图5-21　导入AE合成文件

　　（3）选择"抠像镜头1"，单击"确定"按钮，这样将抠像镜头1导入到项目面板中，如图5-22所示。

图5-22　项目面板

　　（4）用同样的方法，将"抠像镜头2"和"抠像镜头3"导入到项目面板中。

　　（5）在项目面板继续导入"手表正面""手表背面"和"手表旋转视频"素材，如图5-23所示。

图5-23　导入素材

（6）单击"新建序列"，创建一个序列，编辑模式选择"自定义"，帧大小设为800，像素长宽比设为"方形像素（1.0）"，如图5-24所示。

图5-24 新建序列

（7）单击"确定"按钮，完成序列的制作。

（8）将"手表正面"素材拖曳到时间轨道上，选择素材，展开效果控件面板，将缩放参数调整为"61.0"，单击缩放前面的 📷 ，添加关键帧，如图5-25所示。

图5-25 效果控件面板

（9）将时间移动到4秒21帧，将缩放参数调整为"21.0"，如图5-26所示。

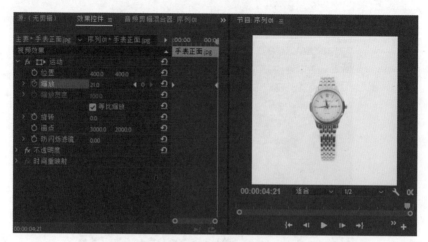

图5-26　调整缩放

至此，就完成了第一个素材的动画制作。

（10）将"手表背面"像素拖曳到时间轨道，选择素材，展开效果控件面板，缩放参数调整为"19.0"，将时间移动到5秒处，单击缩放前面的 ，添加关键帧，如图5-27所示。

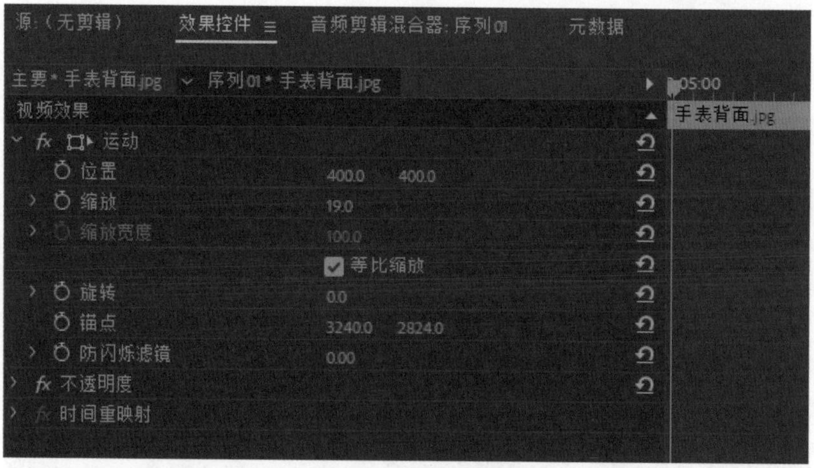

图5-27　添加关键帧

（11）将时间移动到10秒处，缩放参数调整为"54.0"，完成"手表背面"素材的动画，如图5-28所示。

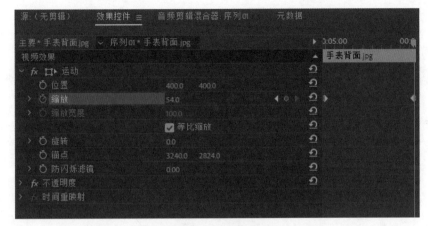

图5-28　调整关键帧

（12）在项目面板将"手表旋转视频"素材拖曳到轨道上，旋转"手表旋转视频"素材，位置参数调整为"260.0，371.0"，缩放参数调整为"135.0"，如图5-29所示。

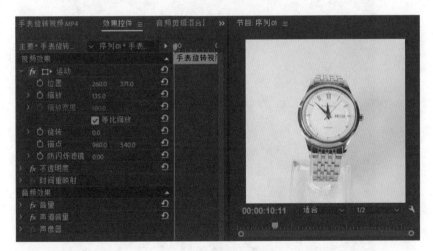

图5-29　调整关键帧

（13）将时间轴移动到20秒处，选择"剃刀工具"，在"手表旋转视频"素材上单击并剪辑，删除后面一段视频，如图5-30所示。

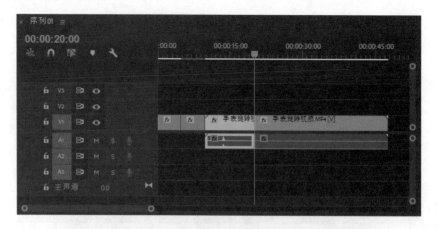

图5-30　剪辑视频

（14）在项目面板将"抠像镜头1"素材拖曳到轨道上，如图5-31所示。

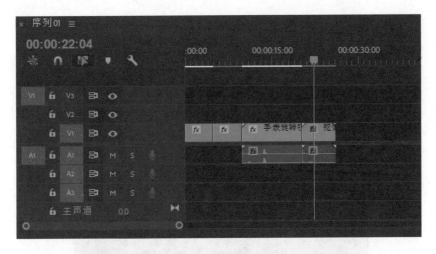

图5-31 时间轴合成

（15）在时间轴面板将"抠像镜头3"拖曳到轨道上，如图5-32所示。

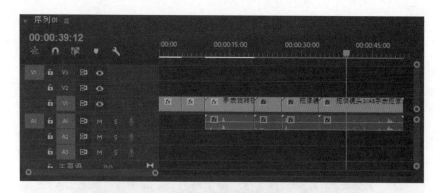

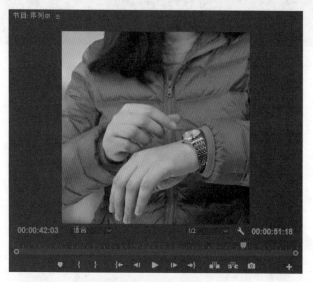

图5-32　轨道编辑

（16）在项目面板右下角单击"新建调整图层"，打开"调整图层"窗口，如图5-33
所示。

图5-33　新建调整图层

（17）单击"确定"按钮，将"调整图层"拖曳到轨道上，拖曳调整图层轨道的边缘，将时间线拖曳到和下面的素材对齐，如图5-34所示。

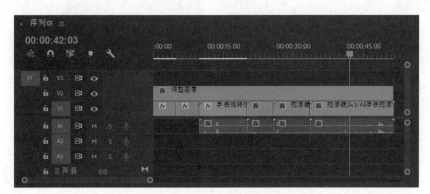

图5-34　轨道调整

（18）打开效果面板，展开"Lumetri 预设"，在"影片"下面选择"Cinespace 25"，如图5-35所示。

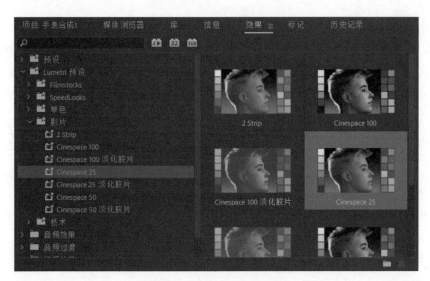

图5-35　Lumetri 预设面板

（19）通过调整图层，加强画面对比，调整后的效果如图5-36所示。

调整前   调整后

图5-36　调整后效果

　　至此，就完成了手表短视频的制作，同样可以在视频中导入音乐素材，再通过文件菜单导出视频。

第6章

凉拖鞋短视频制作

　　本章主要讲解凉拖鞋短视的制作，视频制作前需要和商家进行前期沟通，商家提供产品资料，结合商家店铺、产品特色，进行创意策划，然后确定制作方案，最后进入拍摄和制作阶段。下面以制作凉拖鞋展示视频为例，先了解产品的属性和产品的卖点等，然后在进行创意策划，策划方案如表6-1所示。

表6-1　策划方案

镜头	时间	展示内容	文案	广告语
镜头1	5秒	凉鞋短视频	片头展示	展示品牌
镜头2	30秒	头层牛皮鞋面	产品旋转视频	头层牛皮鞋面
镜头3	5秒	凉拖两用设计	凉鞋拖视频	凉鞋拖两用设计

续表

镜头	时间	展示内容	文案	广告语
镜头4	5秒		鞋底动画展示	高品质聚氨酯缓震鞋底
镜头5	5秒		铆钉展示	防锈质感铆钉
镜头6	5秒		品牌语或者结束语	穿休闲鞋就是舒适

我们按照策划方案拍摄短片，拍摄好之后再学习视频的制作。

6.1 Premiere与After Effects软件的结合

前文我们通过Premiere软件对视频进行了初步剪辑，了解了视频的剪辑方法和技巧。下面我们来学习Pr软件和AE软件的结合，以及掌握AE遮罩动画的制作方法。镜头2的制作方法如下。

（1）打开Pr软件，如图6-1所示。

（2）在菜单栏执行"文件">"导入"命令，选择素材进行导入。

（3）在"项目面板"的右下角单击"序列…"，如图6-2所示。

（4）弹出"新建序列"面板，在序列预设中选择"HDV720P25"，再单击"设置"，可以看得到预设的信息，如图6-3所示。

图6-1 打开Pr软件

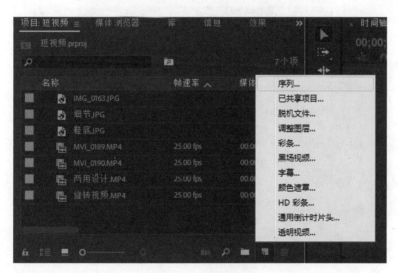

图6-2 新建序列

图6-3　序列设置

（5）单击"确定"按钮，完成新建序列。

（6）在项目面板中，将"旋转视频"的素材拖曳到序列面板中，如图6-4所示。

图6-4　Pr软件制作

（7）选择旋转视频，打开效果控件面板，将"运动"下的缩放参数调整为"68.0"，位置参数调整为"504.0"和"332.0"，这样可以将拍摄的整个画面显示在节目窗口，如图6-5所示。

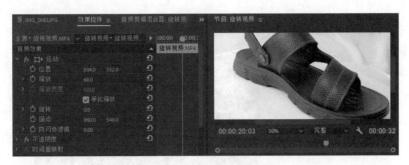

图6-5 效果控件面板设置

（8）选择"剃刀"工具，在序列上将时间移动到00:00:10:00，也就是视频10秒的位置，单击"剃刀"工具，将视频剪成两段。

（9）同样，将时间移动到00:00:59:06，也就是视频59秒的位置，单击"剃刀"工具，将视频剪辑，这样中间的一段视频就是鞋子旋转一圈的视频，如图6-6所示。

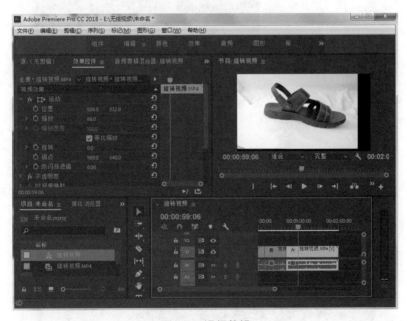

图6-6 视频剪辑

（9）单击"选择工具"，选择前后的两个视频，按Delete键，删除视频，将中间的一段视频移动到时间开始的位置。

（10）单击"文件"菜单，保存Pr文件，名称改为"旋转视频序列"。

（11）打开AE软件，打开"文件"菜单，执行"导入"＞"Adobe Premiere Pro项目..."命令，如图6-7所示。

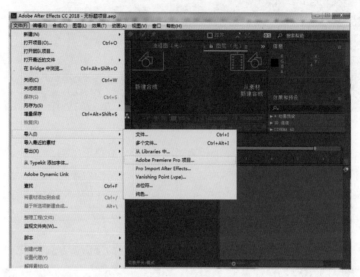

图6-7　在AE软件导入Pr项目

（12）选择之前保存的"旋转视频序列"Pr项目，弹出Premiere Pro导入窗口，在选择序列中选择"旋转视频序列"，然后在"项目窗口"双击旋转视频，这样就打开了旋转视频的合成窗口，如图6-8所示。

图6-8　用AE软件打开合成窗口

（13）在视频的背景中有白色的布褶，在菜单栏执行"效果">"颜色校正">"色阶"命令，给视频添加色阶效果，调整色阶参数，这样画面中的一部分灰色将会消失，如图6-9所示。

图6-9 色阶调整

（14）选择"旋转视频"层，然后选择"旋转视频"。先选择视频图层，再选择"钢笔"工具，在合成窗口绘制遮罩，让鞋子显示出来，如图6-10所示。

图6-10 绘制遮罩

（15）在时间线上展开"蒙版"，在蒙版路径前单击"关键帧"按钮，给蒙版添加关键帧，拖曳时间线的同时会播放动画效果，在3秒23帧处，将会看到一部分遮罩的外面不显示，如图6-11所示。

图6-11　移动遮罩点

（16）选择"选择工具"，调整蒙版上点的位置，这样会自动添加关键帧，如图6-12所示。

图6-12　调整遮罩

（17）用同样的方法，我们移动到下一个时间点，调整蒙版遮罩，如图6-13所示。

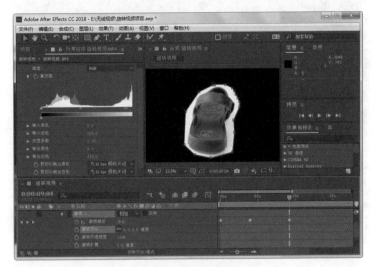

图6-13 调整遮罩

（18）一直这样调整，就完成了蒙版的动画效果，鞋子就全部显示出来了。设置背景为黑色，调整蒙版下面的"蒙版羽化"为"30.0"像素，如图6-14所示。

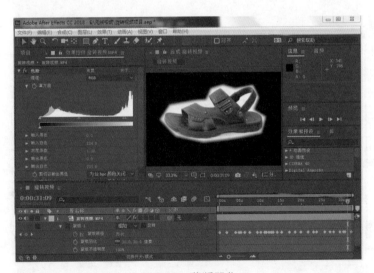

图6-14 蒙版羽化

（19）在菜单栏执行"图层"＞"新建"＞"纯色"命令，新建一个白色的层，将图层移动到视频层的下面，效果如图6-15所示。

图6-15 新建纯色图层

（20）这样就完成了视频白色背景的制作，单击"文件"菜单保存文件，文件名称改为"旋转视频.aep"。

（21）打开Pr软件，在菜单栏执行"文件"＞"Adobe Dynamic Link"＞"导入After Effects 合成图像"命令，如图6-16所示。

图6-16 导入AE合成图像

这样就将AE合成好的文件导入到Pr中了，在Pr中看到的视频的背景就是纯白色的。这个镜头我们先制作到这，后面我们需要将这些镜头合成在一个项目里。

6.2 视频剪辑

下面通过Pr软件对视频进行剪辑，了解视频剪辑的方法和技巧。本节学习镜头3的制作方法。

（1）打开Pr软件，新建"序列"，将"两用设计"视频素材拖曳到序列中，如图6-17所示。

图6-17 导入素材

（2）选择视频，在效果控件面板上将缩放参数修改为"81.0"，让鞋子的整个画面在窗口中显示，如图6-18所示。

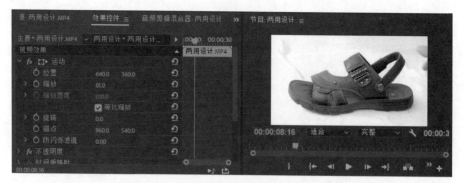

图6-18　效果控件面板调整

（3）观看视频，我们选择时间点进行剪辑，在2秒15帧、6秒8帧、8秒、10秒14帧、15秒8帧、20秒12帧、24秒13帧、26秒14帧的位置进行剪辑，然后选择有手出现的视频片段并将其删除，这样就把多余的视频片段删除了。选择视频片段，按顺序排列好，使用选择工具将后面的片段移动到前面，如图6-19所示。

图6-19　删除不需要的视频片段

（4）选择视频，单击鼠标右键，选择"取消链接"，这样可以将视频和音频分开，然后选择音频，按Delete键进行删除，如图6-20所示。

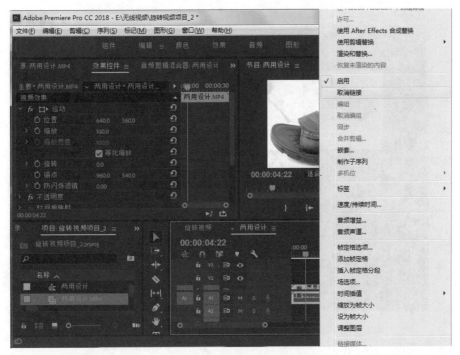

图6-20　选择"取消链接"

至此，完成了镜头3视频的剪辑，我们了解了如何取消视频和音频的关联。

6.3　关键帧动画

通过Premiere软件对图片添加关键帧制作动画，了解关键帧添加的方法。本节学习镜头4的制作方法，下面制作鞋底动画效果。

（1）新建"序列"，名称设为"鞋底序列"，将"鞋底"素材拖曳到序列上，如图6-21所示。

（2）选择素材，在效果控件面板对素材进行缩放，缩放参数调整为"20.0"，让整张图片在节目监视器中显示，如图6-22所示。

（3）将时间移动到开始处，将效果控件面板上位置的参数调整为"1023.0，432.0"，缩放参数调整为"20.0"，在位置和缩放上添加关键帧，如图6-23所示。

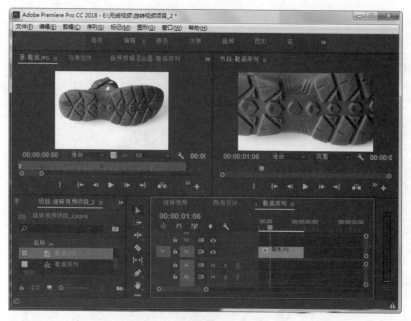

图6-21　拖曳素材到序列

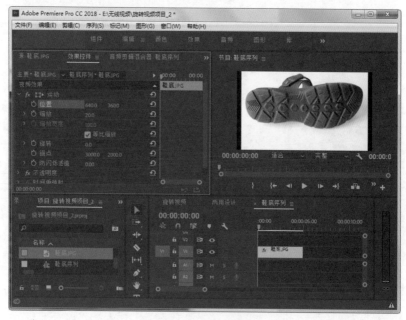

图6-22　缩放素材

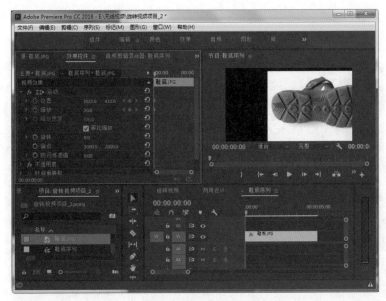

图6-23　制作动画

（4）将时间移动到1秒处，位置参数调整为"663.0，432.0"，缩放参数调整为"20.0"，调整后的效果如图6-24所示。

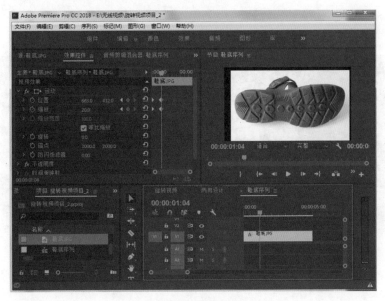

图6-24　移动动画

（5）将时间移动到3秒处，位置参数调整为"1184.0，432.0"，缩放参数调整为"40.0"，添加位置和缩放关键帧，如图6-25所示。

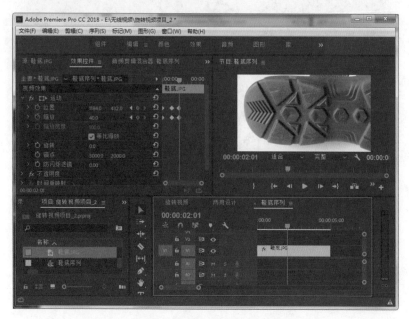

图6-25　制作缩放动画

（6）在项目面板右下角新建"颜色遮罩…"，颜色选择为"白色"，如图16-25所示。

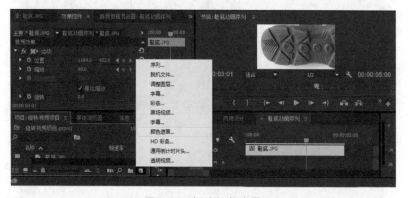

图6-26　新建颜色遮罩

（7）将"鞋底.jpg"移动到上一个轨道V2上，将"颜色遮罩"层移动到视频轨道V1上，这样图片背景就变为白色了，如图6-27所示。

图6-27 移动视频轨道

至此，就完成了鞋底的位置移动和缩放动画的制作。

6.4 图片制作动画

通过Premiere软件对图片添加关键帧制作动画。本节学习镜头的制作方法，下面制作鞋上细节动画效果。

（1）新建"序列"，名称改为"细节序列"，将素材细节拖曳到序列上，如图6-28所示。

（2）选择"细节.JPG"层，在效果控件面板将缩放参数调整为"22.0"，将时间移动到开始处，添加"缩放"关键帧，如图6-29所示。

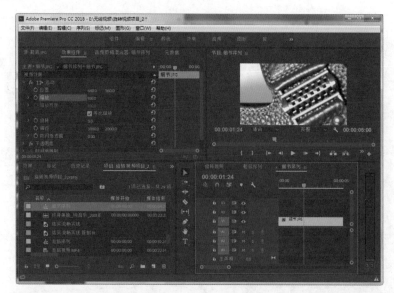

图6-28　制作图片动画

图6-29　添加关键帧

（3）将时间线移动到1秒处，缩放参数调整为"59.0"，添加位置和缩放关键帧，如图6-30所示。

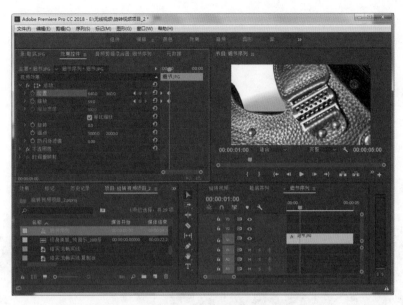

图6-30 关键帧动画

（4）将时间移动到3秒处，位置参数调整为"1480.0，360.0"，添加关键帧，这样就制作了水平移动的动画，如图6-31所示。

图6-31 动画完成

至此，就完成了细节部分的动画。

6.5　视频剪辑镜头

通过Premiere软件对视频进行剪辑，下面制作镜头6的效果。

（1）打开Premiere软件，新建"序列"，名称改为"走路序列"，将"走路视频.MP4"拖曳到视频中，如图6-32所示。

图6-32　导入视频素材

（2）选择视频素材，在效果控件面板上调整缩放视频的大小，将视频调整到合适的位置，如图6-33所示。

（3）将项目面板的"颜色遮罩"素材移动到轨道V1上，将"走路视频"移动到V2轨道上，这样背景就没有黑色了，如图6-34所示。

图6-33　视频剪辑

图6-34　移动颜色遮罩

（4）将时间移动到11秒处，选择剃刀工具，在视频上进行剪辑，删除后面部分的视频，如图6-35所示。

图6-35 删除视频

至此，就完成了走路视频的剪辑。

6.6 项目合成

本节首先将之前制作的单个镜头按序列进行合成，然后添加字幕展示，最后渲染视频。下面我们学习将每一个镜头合成在一起。

（1）新建一个序列，名称改为"总序列"，在项目面板上将白色颜色遮罩移动到视频轨道上，然后将之前制作的镜头移动到总序列上，按顺序排列，顺序为旋转视频、鞋底序列、细节序列、走路序列，如图6-36所示。

（2）开始的时候，背景是白色的，我们添加字幕作为视频开始的片头，选择"文件"菜单，执行"文件"＞"旧版字幕"命令，如图6-37所示。

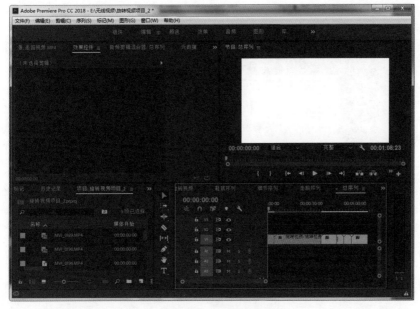

图6-36　合成视频

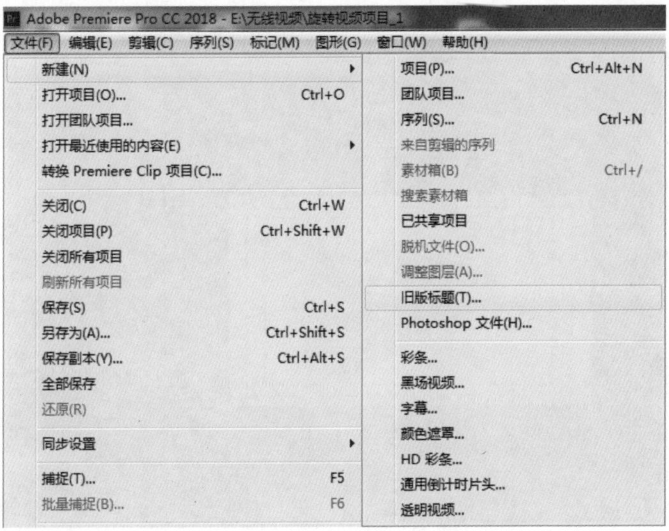

图6-37　新建字幕

（3）选择文字工具，输入文本"凉鞋短视频"，字体颜色设为黑色，如图6-38所示。

图6-38 文字输入

这里是视频开始的片头，当然这里也可以导入品牌的LOGO，或者通过AE软件制作视频动画。

（4）通过"文件"菜单新建"旧版字幕"，打开新建字幕的界面，在左侧选择文字工具，输入文本"头层牛皮鞋面"，在右侧修改字体为中文字体，并且修改填充颜色为"黑色"，如图6-39所示。

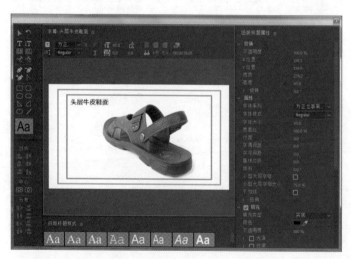

图6-39 输入文本

（5）在左侧选择"矩形工具"，在字幕框中绘制矩形，在右侧的属性面板中，"填充"选项选择"消除"，"内描边"选择"添加"，类型设为"边缘"，大小设为

"3.0"，如图6-40所示。

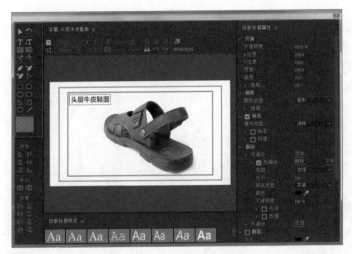

图6-40 绘制矩形

（6）单击页面右上角的"关闭"按钮，完成字幕的制作，作为"镜头2"视频配备的文字。将字幕移动到视频轨道上，放置在镜头2的视频上方，如图6-41所示。

图6-41 新建字幕

（7）用同样的方法新建字幕，输入文本"凉拖两用设计"，如图6-42所示。

图6-42　输入字幕

（8）关闭字幕，将字幕移动轨道2上，将字幕移动到"镜头3"的视频上方。

（9）新建字幕，输入文本"高品质聚氨酯缓震大底"，字体颜色设为白色，描边颜色设为白色，如图6-43所示。

图6-43　新建字幕

（10）关闭字幕，将字幕移动轨道2上，将字幕移动到"镜头4"的视频上方。

（11）新建字幕，输入文本"结实流畅实线"，字体颜色和矩形框描边颜色设为白色，如图6-44所示。

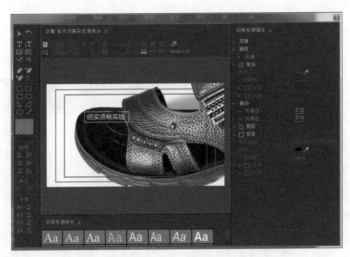

图6-44 新建字幕

（12）关闭字幕，将字幕移动轨道2上，将字幕移动到"镜头5"的视频上方。

（13）新建字幕，输入文本"穿休闲鞋 就是舒适"，字体颜色和矩形描边设为白色，并将文字和描边居中对齐，如图6-45所示。

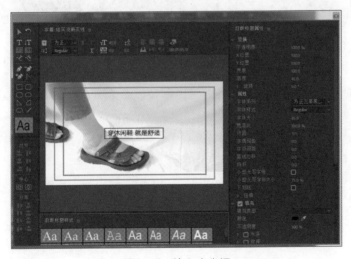

图6-45 输入广告语

（14）关闭字幕窗口，将字幕移动轨道2上，将字幕移动到"镜头6"的视频上方。

（15）选择视频轨道，单击鼠标右键，选择"取消链接"，这样就取消了视频和音频的关联，选择音频，然后按Delete键删除音频。

（16）导入音频，将音频移动到音频轨道上，选择剃刀工具，剪辑后面的音频，如图6-46所示。

图6-46　音频剪辑

（17）选择后面一段视频将其删除，打开效果面板，执行"音频过渡"＞"交叉淡化"＞"指数淡化"命令，将指数淡化并拖曳到音频的结尾处，这样视频播放到结束的时候，音频的声音就慢慢淡化了，如图6-47所示。

（18）在菜单栏执行"文件"＞"导出"＞"媒体"命令，弹出"导出设置"窗口，如图6-48所示。

（19）在导出设置中，格式选择"H.264"，单击输出名称，可以设置保存文件的文件夹和文件名，然后单击"导出"按钮，开始渲染文件。渲染完成之后打开视频文件进行播放，效果如图6-49所示。

图6-47　声音淡出过渡

图6-48　视频导出

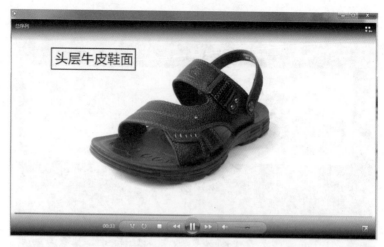

图6-49　视频播放

至此，我们就完成了短视频的制作。

第7章

视频上传

很多商家都有一个困惑，当累计的"粉丝"越来越多之后，就需要实时"盘活"他们，给予粉丝更多的人文关怀，增加与粉丝的互动，让商家与消费者的距离越来越近。通过互动视频可以将视频分享到朋友圈、微博等各个社交平台，让更多人知晓和点赞，促进成交。

本章介绍如何将视频发布到无线店铺首页、主图视频、微淘和详情页中。

7.1　手机店铺短视频上传

下面学习如何将视频发布到手机店铺首页。

（1）打开网址wuxian.taobao.com，进入无线装修后台，然后进入店铺装修页面，将左侧图文模块下的视频模块拖曳到中间的页面，如图7-1所示。

图7-1　无线后台装修中心

（2）单击右侧的"选择互动视频"，进入"互动视频"页面，如图7-2所示。

图7-2 "互动视频"页面

（3）单击"选择现有互动视频"，选择视频进行上传，如图7-3所示。

图7-3 选择视频

（4）单击"确定"按钮，弹出"请为新互动视频进行命名"对话框，如图7-4所示。

图7-4　互动视频命名

（5）命名之后，单击"确定"按钮，这样就进入了"互动视频编辑"界面。在视频上可以添加"边看边买""内容标签""优惠券"和"红包"等，如图7-5所示。

图7-5　互动视频编辑

（6）在左侧可以选择"边看边买"，如图7-6所示。

图7-6　选择"边看边买"

（7）选择一个宝贝，单击"完成"按钮，进入"互动视频编辑"界面，可以在左侧设置互动视频的起始时间和结束时间，也可以在下面拖曳时间滑块，如图7-7所示。

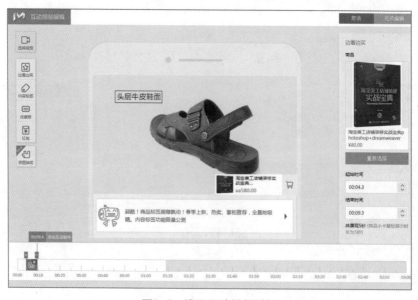

图7-7　设置互动视频时间

（8）用同样的方法，我们可以在左侧选择"优惠券"，在时间滑块上拖曳"优惠券"显示的时间，如图7-8所示。

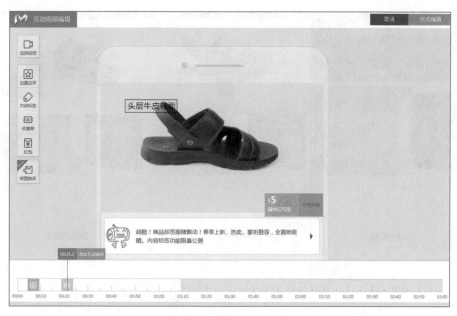

图7-8　选择"优惠券"

（9）单击左上角的"完成编辑"按钮，将回到无线店铺装修页面，单击左下角的"确定"按钮，将互动视频添加到手机页面，如图7-9所示。

图7-9　完成互动视频添加

（10）单击"发布"按钮，完成无线店铺首页互动视频的添加，如图7-10所示。

图7-10　互动视频效果

　　至此，我们就完成了手机店铺互动视频的制作。

7.2　主图视频发布

　　下面学习如何将视频发布到宝贝主图位置。

　　（1）打开淘宝网，进入卖家中心后台，单击"发布宝贝"，选择产品的类目，进入发布宝贝界面，如图7-11所示。

　　（2）在主图视频上单击，进入"视频中心"界面，如图7-12所示。

　　（3）在页面右上角单击"上传视频"按钮，如图7-13所示。

　　（4）单击"确定"按钮，完成短视频的上传，选择视频，进入视频中心，如图7-14所示。

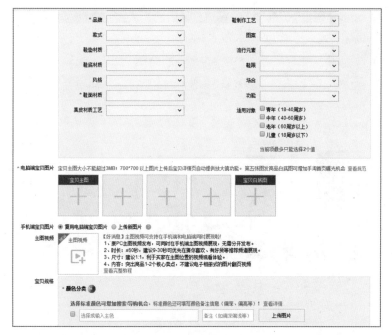

图7-11　发布宝贝

图7-12　视频中心

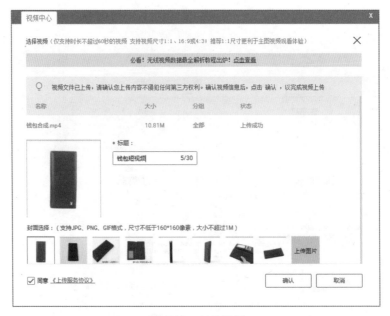

图7-13　上传视频

图7-14　上传完成

（5）单击"增加标签"，选择"宝贝"，可以给视频添加标签，如图7-15所示。

图7-15 添加视频标签

（6）单击"确定"按钮，视频跳转到9秒位置，如图7-16所示。

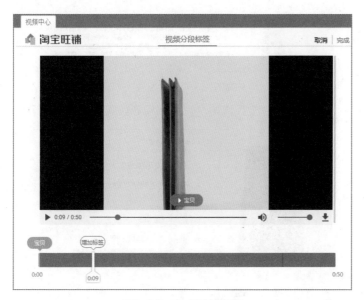

图7-16 完成添加标签

（7）再单击"增加标签"，选择"买家秀"，如图7-17所示。

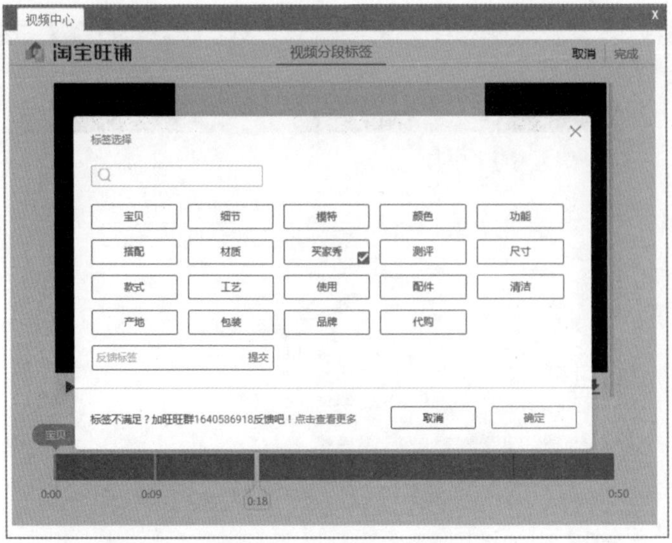

图7-17　添加标签

（8）这样可以给视频添加多个标签，添加完标签后单击页面右上角"完成"按钮，完成视频的添加，发布页面的主图视频位置将显示视频效果，如图7-18所示。

图7-18　发布页面

（9）发布后，在PC端打开宝贝详情页，主图视频效果如图7-19所示。

图7-19　PC端主图视频展示

（10）打开手机淘宝，打开宝贝，主图频效果如图7-20所示。

图7-20 手机端主图视频展示

至此，就完成了主图视频的发布。

7.3 详情页短视频上传

下面学习在手机淘宝详情页添加互动视频。

（1）打开网址https://xiangqing.taobao.com，进入淘宝神笔，如图7-21所示。

（2）单击右侧"操作中心"下的"模块管理"，如图7-22所示。

（3）单击"自定义模板"，进入"选择宝贝"界面，如图7-23所示。

图7-21 淘宝神笔页面

图7-22 模板管理页面

图7-23 选择宝贝

（4）选择一个宝贝，单击"编辑手机详情"按钮，如图7-24所示。

图7-24 编辑手机详情

（5）单击左侧的"视频添加"，进入到"选择视频"面板，选择短视频进行上传，如图7-25所示。

图7-25 添加短视频

提示：详情页短视频时间不超过60秒。

（6）单击"确定"按钮，完成详情页短视频的添加，如图7-26所示。

图7-26　完成短视频添加

（7）单击"保存"按钮，单击"同步详情"按钮，进入详情页就可以预览视频了。

提示：在天猫店铺手机详情页如何发布视频：打开天猫"商家中心" > "商品详情页编辑页面"，在"手机新版"找到"商品视频"模块，然后添加视频即可，如果没有订购视频，我们需要先订购视频，然后添加即可，如图7-27所示。

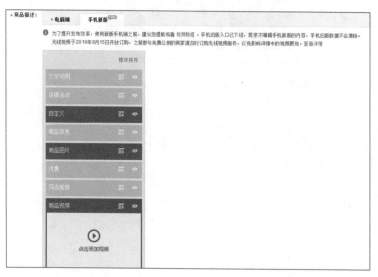

图7-27　在天猫店铺手机详情页添加视频

7.4　微淘短视频发布

微淘运营是不以短期成交为目的的，其注重品牌宣传以及粉丝运营，通过持续可触达通道，挖掘用户有效价值——黏性、回访。下面来学习微淘短视频发布。

（1）打开"阿里·创作平台"，网址为we.taobao.com，单击左侧的"发微淘"，进入发微淘面板，如图7-28所示。

图7-28　微淘管理中心

（2）单击发微淘面板中的"短视频"，进入"上传视频"窗口，如图7-29所示。

图7-29　"上传视频"窗口

（3）单击"添加视频"，进入"添加互动视频"，如图7-30所示。

图7-30　添加互动视频

（4）选择现有的视频，单击"确定添加"按钮，进入"设置视频封面"，如图7-31所示。

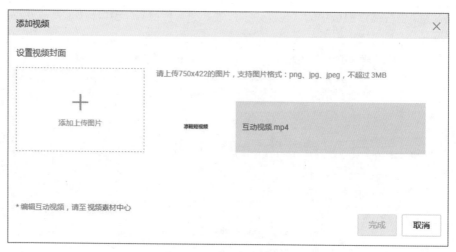

图7-31　设置视频封面

（5）单击"添加上传图片"按钮，上传图片，然后添加图片，如图7-32所示。

图7-32 添加图片

（6）单击"确定"按钮，进入添加视频界面，单击"完成"按钮，回到到"内容创作"界面，单击"添加宝贝"，在这里粘贴宝贝链接，然后单击"添加宝贝"按钮，如图7-33所示。

图7-33 添加宝贝

（7）单击"确定"按钮，完成宝贝的添加，在添加商品下面，输入"标题"和"描述"，如图7-34所示。

图7-34　发布视频

　　（8）选择添加"投票"，可以设置投票和目标人群，以及选择本文和人像。单击"发布"按钮，完成微淘的发布。

　　（9）单击左侧的"全部作品"，可以查看已发的短视频，单击短视频，可以预览短视频效果，如图7-35所示。

　　2017年微淘增加了优质内容的曝光，需要清晰、独特的内容去吸引目标人群，再通过产品去转化。如果店铺的微淘短视频内容足够优质，平台会协助这部分内容在更多地方曝光给更多人群，从而帮助店铺吸引更多粉丝。所以，制作内容短视频是所有商家必备的技能。

图7-35 预览短视频